21世纪新概念
全能实战规划教材

中文版

AutoCAD
2020 基础教程

江奇志◎编著

北京大学出版社
PEKING UNIVERSITY PRESS

内 容 简 介

AutoCAD 是一款功能强大的计算机辅助设计软件，广泛应用于建筑设计、机械绘图、装饰装潢、园林景观等相关领域。

本书以案例为引导，系统并全面地讲解了 AutoCAD 2020 的相关功能与技能应用，内容包括 AutoCAD 2020 入门知识与基础操作，二维图形的绘制与编辑，图层、图块和设计中心的应用，图案填充与对象特性，尺寸标注与查询，文字、表格的创建与编辑，三维图形的创建与编辑，动画、灯光、材质与渲染的应用等。在本书的最后还安排了一章案例实训的内容，可以帮助读者提升 AutoCAD 辅助设计的综合实战技能水平。

本书内容由浅入深，语言通俗易懂，案例丰富多样，操作步骤讲解清晰准确，适合作为广大职业院校及计算机培训学校相关专业的教材，同时也适合作为广大 AutoCAD 初学者、设计爱好者的学习参考书。

图书在版编目(CIP)数据

中文版AutoCAD 2020基础教程 / 江奇志编著. — 北京：北京大学出版社，2022.5
ISBN 978-7-301-25649-7

Ⅰ.①中… Ⅱ.①江… Ⅲ.①AutoCAD软件 – 教材 Ⅳ.①TP391.72

中国版本图书馆CIP数据核字（2022）第060650号

书　　　名	中文版AutoCAD 2020基础教程	
	ZHONGWENBAN AutoCAD 2020 JICHU JIAOCHENG	
著作责任者	江奇志　编著	
责 任 编 辑	王继伟　刘羽昭	
标 准 书 号	ISBN 978-7-301-25649-7	
出 版 发 行	北京大学出版社	
地　　　址	北京市海淀区成府路205 号　100871	
网　　　址	http://www.pup.cn　　　新浪微博：@ 北京大学出版社	
电 子 信 箱	pup7@ pup.cn	
电　　　话	邮购部 010-62752015　发行部 010-62750672　编辑部 010-62570390	
印 　刷 　者	三河市北燕印装有限公司	
经 销 者	新华书店	
	787毫米×1092毫米　16开本　19.75印张　475千字	
	2022年5月第1版　2022年5月第1次印刷	
印　　　数	1-4000册	
定　　　价	69.00元	

Preface 前言

AutoCAD 是目前最流行的计算机辅助设计软件之一，其功能非常强大，使用方便，凭借高度智能化、直观、生动的交互界面和高速、强大的图形处理功能，广泛应用于建筑设计、机械绘图、装饰装潢、园林景观等相关领域。

本书内容介绍

本书以案例为引导，系统并全面地讲解了 AutoCAD 2020 的相关功能与技能应用。全书内容包括 AutoCAD 2020 入门知识与基础操作，二维图形的绘制与编辑，图层、图块和设计中心的应用，图案填充与对象特性，尺寸标注与查询，文字、表格的创建与编辑，三维图形的创建与编辑，动画、灯光、材质与渲染的应用等。本书的第 12 章为商业案例实训，可以帮助读者提升 AutoCAD 辅助设计的综合实战技能水平。

本书特色

本书内容由浅入深，语言通俗易懂，案例丰富多样，操作步骤讲解清晰准确，适合作为广大职业院校及计算机培训学校相关专业的教材，同时也适合作为广大 AutoCAD 初学者、设计爱好者的学习参考书。

内容全面，轻松易学

本书内容翔实、全面，采用"步骤讲述＋配图说明"的方式进行编写，操作简单明了，浅显易懂。本书提供所有案例的素材文件与最终效果文件，同时还配有与书中内容同步的教学视频，帮助读者轻松掌握 AutoCAD 2020 辅助设计技能。

案例丰富，实用性强

本书安排了 25 个"课堂范例"，帮助读者认识和掌握相关工具、命令的实战应用；安排了 30 个"课堂问答"，帮助读者解决学习过程中可能遇到的疑难问题；安排了 11 个"上机实战"和 11 个"同步训练"，帮助读者提升实战技能水平。本书第 1~11 章后面都安排有"知识能力测试"，帮助读者对知识技能进行巩固。

本书知识结构图

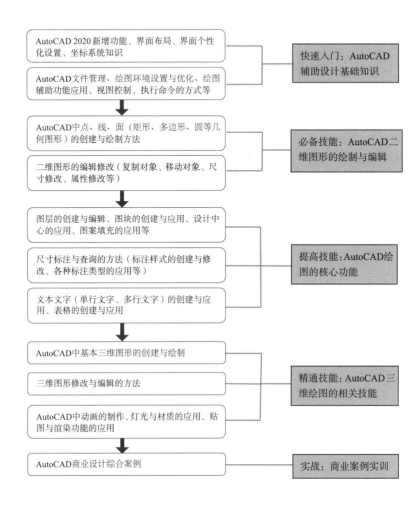

教学课时安排

本书结合 AutoCAD 2020 软件的功能，给出教学参考课时（共 68 课时），主要包括教师讲授 42 课时和学生上机 26 课时两部分，如下表所示。

章节内容	课时分配	
	教师讲授	学生上机
第 1 章　AutoCAD 2020 快速入门	1	1
第 2 章　AutoCAD 的基础操作	2	1
第 3 章　创建常用二维图形	3	2

续表

章节内容	课时分配	
	教师讲授	学生上机
第 4 章　编辑二维图形	4	3
第 5 章　图层、图块和设计中心	4	2
第 6 章　图案填充与对象特性	4	2
第 7 章　尺寸标注与查询	5	3
第 8 章　文字、表格的创建与编辑	4	2
第 9 章　创建常用三维图形	4	2
第 10 章　编辑常用三维图形	4	2
第 11 章　动画、灯光、材质与渲染	3	2
第 12 章　商业案例实训	4	4
合　计	42	26

配套资源说明

本书配套的学习资源和教学资源可以通过百度网盘进行下载，具体内容如下。

1. 素材文件

本书中所有章节案例的素材文件，全部收录在网盘中的"\ 素材文件 \ 第 * 章 \"文件夹中。读者在学习时，可以参考本书讲解内容，打开对应的素材文件进行同步操作练习。

2. 结果文件

本书中所有章节案例的最终效果文件，全部收录在网盘中的"\ 结果文件 \ 第 * 章 \"文件夹中。读者在学习时，可以打开结果文件，查看案例效果，为操作练习提供参考。

3. 视频教学文件

本书为读者提供与书中案例同步的视频教程，并且视频教程有语音讲解，非常适合零基础读者学习。

4. PPT 课件

本书为教师提供配套的 PPT 教学课件，方便教师教学使用。

5. 习题与答案

本书为教师和读者提供章节后面的"知识能力测试"的参考答案，以及本书的"知识与能力总复习题"及参考答案。

温馨提示：以上资源，请用手机微信扫描下方二维码关注微信公众号，输入本书 77 页的资源下载码，获取下载地址及密码。

创作者说

在本书的编写过程中，我们竭尽所能地为您呈现最好、最全的实用功能，但仍难免有疏漏和不妥之处，敬请广大读者不吝指正。若您在学习过程中产生疑问或有任何建议，可以通过 E-mail 与我们联系。

读者信箱：2751801073@qq.com

CONTENTS 目 录

AutoCAD
2020

AutoCAD 是美国 Autodesk 公司开发的一款辅助设计软件，是目前行业内使用率非常高的计算机辅助绘图和设计软件，广泛应用于机械、建筑、室内装饰装潢设计等领域，可以帮助用户轻松实现各类图形的绘制。本章将对 AutoCAD 2020 的新增功能、应用领域、工作界面等进行介绍，帮助读者为后期的学习打下良好的基础。

学习目标

- 了解 AutoCAD 2020 的新增功能
- 掌握 AutoCAD 2020 的启动及退出方法
- 认识 AutoCAD 2020 的工作界面

1.1 认识AutoCAD

在使用 AutoCAD 2020 之前，首先要对该软件有清晰的认识。

1.1.1 AutoCAD概述

AutoCAD（Autodesk Computer Aided Design）是美国 Autodesk 公司开发的一款计算机辅助设计软件，用于二维及三维工程图的设计、绘制。

AutoCAD 被灵活应用于各个领域，具有以下特点。

（1）具有完善的图形绘制功能。

（2）具有强大的图形编辑功能。

（3）可以采用多种方式进行二次开发或用户定制。

（4）可以进行多种图形格式的转换，具有较强的数据交换能力。

（5）支持多种硬件设备。

（6）支持多种操作系统。

（7）具有通用性、易用性，适用于各类用户。

随着软件版本的不断更新，AutoCAD 的功能也越来越强大，已经从最初简易的二维绘图软件发展到现在集三维设计（如图 1-1 所示）、真实感显示（如图 1-2 所示）、通用数据库管理及 Internet 通信于一体的通用计算机辅助设计软件。将 AutoCAD 与 3ds Max、SketchUp 和 Photoshop 等软件结合使用，可以制作出具有真实感的三维透视图形和动画图形。

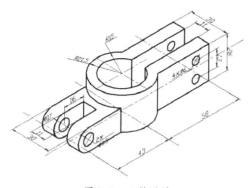

图 1-1　三维设计

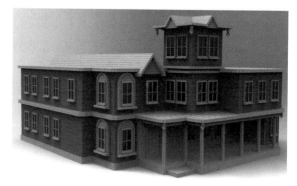

图 1-2　具有真实感的三维透视图形

1.1.2 AutoCAD 2020新增功能

AutoCAD 由最早的 V1.0 版到 2020 版，已经更新了数十次，这些更新使它拥有了更加强大的绘图、编辑、图案填充、尺寸标注、三维图形绘制、渲染和出图等功能。

AutoCAD 2020 对【块】选项板、DWG 比较功能、快速测量、云服务、清理功能、安全性、安装效率等进行了改进或增强，使工作更便利。

接下来简单介绍 AutoCAD 2020 的新增功能。

1. 新的深色主题

AutoCAD 2020 发布了新的深色主题，通过对比度的改进、更清晰的图标和具有现代感的蓝色界面减少视觉疲劳。该主题拥有更加扁平的外观，更舒适的对比度，大大提升了用户体验和视觉效果。

2.【块】选项板

AutoCAD 2020 中有多种插入块的方法，如"插入""工具选项板"和"设计中心"。提供这些不同的方法是为了满足不同规程中人员的不同需求和偏好。

重新设计"插入"对话框是为了在插入块的操作中为块提供更好的预览效果。【块】选项板提高了查找和插入多个块的效率，通过新增的"重复放置"功能，可以省去一个步骤。【块】选项板如图 1-3 所示。

3.【清理】功能重新设计

重新设计后的【清理】功能更易于清理和组织图形。该功能重新设计后的控制选项与之前基本相同，但清理得更精准了，并且重新设计后的"预览"区域可以调整大小，如图 1-4 所示。

图 1-3　【块】选项板

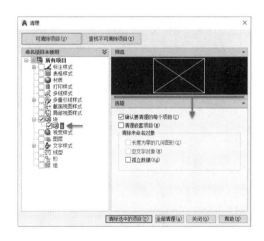

图 1-4　【清理】功能

4. DWG 比较功能增强

DWG 比较功能增强后，可以在比较状态下直接将当前图形与指定图形一起进行比较和编辑。比较在当前图形中进行，在当前图形或比较图形中所做的任何更改会被动态比较并亮显。

为了便于在比较状态下直接编辑，此功能的选项和控件从功能区移动到了绘图区域顶部的固定工具栏，大多数选项都合并到了"设置"控件中并得到了增强，如图 1-5 所示。用户可以轻松地在工具栏中进行切换比较，以及在"设置"控件中切换差异类型的显示。

此外，用户可以通过单击【区别】或【修订云线】下的颜色更改两个文件有区别之处的默认颜色，以设置偏爱的颜色。

5. 快速测量

使用【MEASUREGEOM】命令中新增的"快速"选项，可以快速查看二维图形中的尺寸、距离和角度，如图 1-6 所示。

如果此选项处于活动状态，则在对象之上或之间移动鼠标时，将动态显示二维图形中的标注、距离和角度。

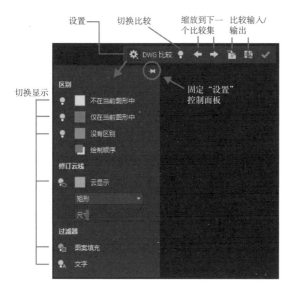

图 1-5　增强的 DWG 比较功能

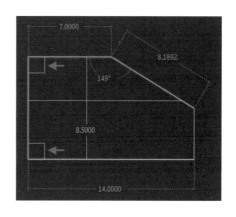

图 1-6　快速测量

6. 性能增强

新安装技术显著缩短了软件在固态硬盘（SSD）上的安装时间，通常可以缩短约一半的时间。

外部参照、块和支持文件的网络访问时间也得到了改进。支持文件包括图案填充、工具选项板、字体、线型、样板文件、标准文件等关联的文件。改进的程度取决于图形文件的大小、内容及网络性能。

1.1.3　AutoCAD应用领域

AutoCAD 通用性强、操作简单、易学易用、用户群体庞大，主要应用领域包括建筑工程与结构、机械制造、地理信息系统、测绘与土木工程、设施管理、电子电气、多媒体等。

1.2　AutoCAD 的启动与退出

安装 AutoCAD 2020 后，首先需要学会 AutoCAD 2020 的启动与退出方法。

1.2.1　启动AutoCAD 2020

安装 AutoCAD 2020 后，桌面上会自动创建 AutoCAD 2020 快捷图标 ，双击该图标即可启动软件，具体操作步骤如下。

步骤 01 使用鼠标在桌面上双击 AutoCAD 2020 的快捷图标 ，如图 1-7 所示。

步骤 02 即可启动 AutoCAD 2020，进入【开始】选项卡，如图 1-8 所示。

图 1-7　双击快捷图标　　　　　　　　　　　图 1-8　进入【开始】选项卡

技能拓展 除了双击快捷图标，还可以通过以下方法启动 AutoCAD 2020。

1. 使用开始菜单。单击【开始】按钮→【AutoCAD 2020 简体中文 (Simplified Chinese)】文件夹→【AutoCAD 2020 - 简体中文（Simplified Chinese）】程序。

2. 双击【*.dwg】格式的图形文件，文件图标为 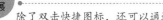。

步骤 03 单击【开始绘制】按钮，如图 1-9 所示，即可进入 AutoCAD 2020 的工作界面，如图 1-10 所示。

图 1-9　单击【开始绘制】按钮

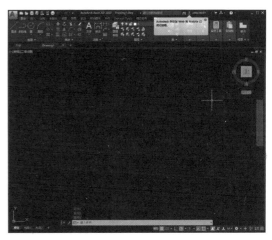

图 1-10　进入工作界面

温馨提示

启动 AutoCAD 2020 后，程序会自动新建一个名为【Drawing1.dwg】的文件。

1.2.2　关闭图形并退出AutoCAD 2020

AutoCAD 2020 使用完毕后，需要关闭图形并退出程序，具体操作步骤如下。

步骤 01　在 AutoCAD 2020 的工作界面中有两组控制按钮，单击下方绘图区域右上角的【关闭】按钮，如图 1-11 所示。

步骤 02　在弹出的提示框中单击【是】或【否】按钮，即可在不关闭程序的情况下关闭图形文件，如图 1-12 所示。

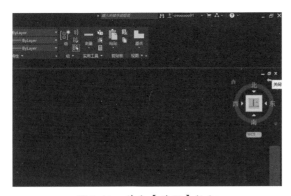

图 1-11　单击【关闭】按钮

图 1-12　单击按钮关闭图形文件

技能拓展

如果是第一次打开此文件，或在一个图形文件中进行了一些操作或更改，但没有保存文件，那么在关闭时将弹出一个对话框提示是否对这些更改进行保存，根据需要选择【是】或【否】。如果需要继续绘制图形，则单击【取消】按钮，返回 AutoCAD 2020 程序操作界面，图形不关闭。

步骤 03　单击 AutoCAD 2020 程序窗口右上角的【关闭】按钮，即可退出 AutoCAD 2020 程序，如图 1-13 所示。

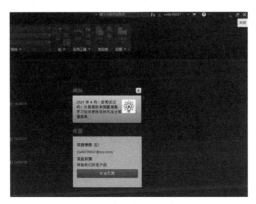

图 1-13　单击【关闭】按钮

技能拓展

除了使用控制按钮组，还可以通过以下方法关闭图形并退出程序。

1. 使用菜单命令。单击【应用程序菜单】按钮A，然后单击【退出 Autodesk AutoCAD 2020】按钮。

2. 使用键盘快捷键。按快捷键【Alt+F4】，即可退出 AutoCAD 2020 程序。

1.3　AutoCAD界面介绍

为了方便初学者快速入门，二维绘图操作都在【草图与注释】工作空间中进行。本节将以【草图与注释】工作空间为例，介绍 AutoCAD 2020 的工作界面，主要包括应用程序菜单按钮、标题栏、功能区、绘图区域、命令窗口、状态栏 6 个部分。

1.3.1　应用程序菜单按钮

【应用程序菜单】按钮是一个以 AutoCAD 的标志定义的按钮A，单击该按钮可以打开应用程序菜单，其中包含【新建】【打开】【保存】【打印】等常用命令，还包含搜索命令的搜索栏和文档列表区域，如图 1-14 所示，相关介绍如表 1-1 所示。

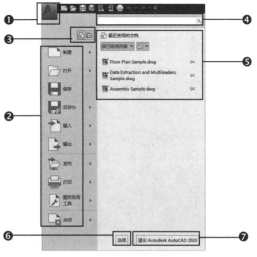

图 1-14　应用程序菜单

表 1-1　应用程序菜单简介

区域或图标	简介
❶【应用程序菜单】按钮	单击该按钮 **A**，可以打开应用程序菜单
❷文件管理命令	菜单左侧区域中罗列了管理图形文件的命令，如新建、打开、保存、输出、发布、打印、图形实用工具、关闭等，用户可以根据需要调用相应的命令
❸快速查看使用文档的情况	单击【最近使用的文档】或【打开的文档】按钮，会显示相应的文档名，将鼠标指针放置在文档名上，会显示预览图形和其他文档信息，用户可以更快、更清晰地查看最近使用过的或正在使用的文件的情况
❹搜索栏	在搜索栏中输入英文或汉字，程序中包含相应英文或汉字的所有条目即会以列表的形式罗列出来
❺最近使用的文档	显示【最近使用的文档】的具体内容
❻【选项】按钮	单击该按钮可以打开【选项】对话框，设置相关内容
❼【退出 Autodesk AutoCAD 2020】按钮	单击该按钮即可退出 AutoCAD 2020

温馨提示　如果不小心启用了不想使用的命令，按【Esc】键即可退出。

1.3.2　标题栏

标题栏位于 AutoCAD 2020 工作界面顶部，其中包含快速访问工具栏、工作空间、标题名称和控制按钮组。

1. 快速访问工具栏

通过快速访问工具栏可以快速调用工具。用户可以对快速访问工具栏进行自定义设置，具体操作步骤如下。

步骤 01 启动 AutoCAD 2020，默认的快速访问工具栏如图 1-15 所示。

步骤 02 单击【自定义快速访问工具栏】按钮▼，打开快捷菜单，如图 1-16 所示。

图 1-15　默认的快速访问工具栏

图 1-16　单击按钮打开快捷菜单

温馨
提示
　在【自定义快速访问工具栏】快捷菜单中，可以根据需要自定义快速访问工具栏，如将某个工具添加或删除等。

步骤 03　可以取消显示某工具，如要取消显示快速访问工具栏中的【重做】工具，单击【重做】命令前的✔图标，如图 1-17 所示。

步骤 04　【重做】工具即会从快速访问工具栏中删除，再次单击【自定义快速访问工具栏】按钮▼，可以看到快捷菜单中【重做】命令前的图标消失，如图 1-18 所示。

图 1-17　单击命令前的图标

图 1-18　显示效果

技能
拓展
　单击【自定义快速访问工具栏】按钮▼，在【自定义快速访问工具栏】快捷菜单中，如果命令前有✔图标，此命令即会显示在快速访问工具栏中；如果没有✔图标，则不显示此命令。

2. 工作空间

为了满足不同用户的使用需求，AutoCAD 2020 提供了【草图与注释】【三维基础】和【三维建模】3 种工作空间，用户可以根据需要选择工作空间，具体操作步骤如下。

步骤 01　启动 AutoCAD 2020 后，默认显示【草图与注释】工作空间，单击【工作空间】下拉按钮，选择【三维基础】工作空间，如图 1-19 所示。

步骤 02　当前工作空间即会转换为【三维基础】工作空间，如图 1-20 所示。

图 1-19　单击下拉按钮

图 1-20　【三维基础】工作空间

技能拓展

AutoCAD 2020 取消了【经典模式】工作空间，如果需要使用该工作空间，可以单击【自定义】选项，在打开的【自定义用户界面】对话框中根据需要进行设置。

3. 标题名称

标题名称位于 AutoCAD 2020 程序窗口的顶端，显示了当前的程序名称及文件名等信息。在打开程序默认的图形文件时显示的是“Autodesk AutoCAD 2020 Drawing1.dwg”，如图 1–21 所示。如果打开的是一个保存过的图形文件，则显示文件名，如图 1–22 所示。

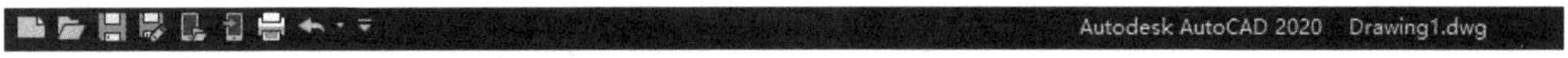

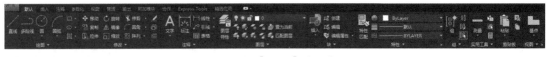

图 1–21 默认标题名称

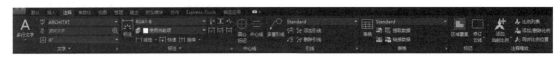

图 1–22 以文件名显示的标题名称

4. 控制按钮组

标题栏的最右侧有三个按钮，依次为【最小化】按钮、【恢复窗口大小】按钮、【关闭】按钮，单击按钮即可执行相应的操作。

1.3.3 功能区

AutoCAD 2020 的功能区位于标题栏的下方，功能区中的每个图标都形象地代表一个命令，用户只需单击图标按钮，即可执行相应命令。切换功能区选项卡的具体操作步骤如下。

步骤 01 启动 AutoCAD 2020 后，功能区显示【默认】选项卡内容，如图 1–23 所示。

步骤 02 单击选项卡，如【注释】选项卡，功能区即显示【注释】选项卡内容，如图 1–24 所示。

图 1–23 【默认】选项卡

图 1–24 【注释】选项卡

温馨提示

将鼠标指针放置在功能区中的按钮上，将显示相应工具的名称和提示。

1.3.4　绘图区域

AutoCAD 的绘图区域是绘制和编辑图形及创建文字和表格的区域。绘图区域主要包括文档标题栏、控制按钮、坐标系图标、ViewCube 工具和十字光标等，如图 1-25 所示，相关介绍如表 1-2 所示。

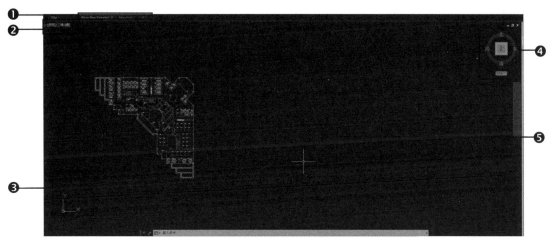

图 1-25　绘图区域

表 1-2　绘图区域简介

区域	简介
❶文档标题栏	文档标题栏是从 AutoCAD 2014 开始出现的功能，在其中可进行多项操作。 1. 将鼠标指针放置在文档标题名称上，则弹出面板显示当前绘图窗口的显示模式和可选择的显示模式； 2. 在文档标题名称上右击，弹出快捷菜单，可在弹出的快捷菜单中选择命令执行相应操作
❷控制按钮	控制按钮包括【视口】控件、【视图】控件和【视觉样式】控件。【视口】控件用于设置绘图区域中排列的视口数量；【视图】控件用于更改标准预设视图；【视觉样式】控件用于更改模型的显示样式
❸坐标系图标	绘图区域左下角显示当前的坐标系统，指示当前作图的 X 轴方向和 Y 轴方向
❹ViewCube 工具	ViewCube 工具是一个可以在模型的标准视图和等轴测视图之间进行切换的工具，通常以非活动状态显示在绘图区域的右上角，在更改视图时提供有关模型当前视点的直观反馈。将鼠标指针放置在 ViewCube 工具上时，该工具变为活动状态，可以拖曳或单击 ViewCube 工具，切换预设视图、滚动当前视图或更改为模型的主视图
❺十字光标	十字光标由两条相交的直线和一个位于交点上的小方框组成，十字线用于显示鼠标指针相对于图形中其他对象的位置；小方框叫作拾取框，用于选择或拾取对象。移动鼠标时，屏幕上的十字光标也会随之移动

在绘图时经常需要同时打开几个文件，而当前窗口不能同时显示全部文件，只能逐个显示各文件；要在 AutoCAD 中进行多个文件之间的快速切换，可以使用快捷键【Ctrl+Tab】，也可以单击文档标题栏中的文件名称选择需要显示的文件。

1.3.5 命令窗口

AutoCAD 绘图区域下方是命令窗口，也叫命令行，分为【命令历史区】和【命令输入与提示区】两个部分。【命令历史区】显示已经执行过的命令；【命令输入与提示区】用于对 AutoCAD 发出命令与参数要求，如图 1-26 所示，相关介绍如表 1-3 所示。

图 1-26　命令窗口

表 1-3　命令窗口简介

区域	简介
❶命令历史区	显示系统反馈信息和已执行完毕的命令
❷命令输入与提示区	用户通过键盘输入 AutoCAD 命令，当显示命令提示符【键入命令】时，表示 AutoCAD 已处于准备接收命令的状态，此时输入各种工具的英文命令或快捷命令，按【Enter】键或空格键即可执行命令

使用命令窗口的具体操作步骤如下。

步骤 01　启动程序后，【命令历史区】中显示无操作；【命令输入与提示区】中显示【键入命令】，表示可输入命令，如图 1-27 所示。

步骤 02　输入【圆】命令 C，打开的提示框中会显示首字母为 "C" 的所有命令，如图 1-28 所示。

图 1-27　显示【键入命令】

图 1-28　输入 C

步骤 03　按空格键确认执行【圆】命令，当系统执行命令时，【命令历史区】中会显示相应的操作提示，如指定下一点、子命令等；根据提示在绘图区域空白处单击指定圆心，然后输入半径，

如 "300"，如图 1-29 所示。

> **步骤 04**　按空格键确认，结束【圆】命令；【命令输入与提示区】中显示【键入命令】，表示可输入新的命令，如图 1-30 所示。

图 1-29　输入半径

图 1-30　显示【键入命令】

> **技能拓展**
>
> 　1. 在 AutoCAD 中，【Enter】键、空格键、鼠标左键都有确认执行命令的功能，在除文字输入等特殊情况外，可以使用空格键确认。命令窗口中 "[ ]" 表示各种可选项；"()" 中是选项关键字，输入关键字确认即可使用此选项；"< >" 中的值为默认选项或参数值，直接确认即会执行此选项或采用此参数值。
>
> 　2. AutoCAD 默认打开动态输入（快捷键为 F12），也可以在鼠标指针处输入命令或查看命令提示。
>
> 　3. 打开或关闭命令窗口的快捷键为【Ctrl+9】。
>
> 　4. 在 AutoCAD 中输入命令时，也可以使用小写字母。

1.3.6　状态栏

状态栏位于 AutoCAD 工作界面的最下方，显示 AutoCAD 绘图状态。状态栏左侧为模型和布局切换选项卡，中间显示当前十字光标所在位置的坐标值，右侧为综合工具区域，如图 1-31 所示，相关介绍如表 1-4 所示。

图 1-31　状态栏

表 1-4　状态栏简介

区域	简介
❶模型和布局切换选项卡	单击相应按钮即可在【模型】和【布局 1】【布局 2】之间进行切换
❷综合工具区域	包括辅助绘图工具和综合工具。辅助绘图工具主要用于设置辅助绘图功能，如点的捕捉方式、正交绘图模式、栅格显示等，虽然这些功能并不直接参与绘图，但是可以使绘图工作更加流畅和方便。综合工具是针对辅助绘图工具的补充

状态栏相关的操作步骤如下。

> **步骤 01**　单击【布局 1】选项卡，绘图区域显示为布局视口，如图 1-32 所示。
> **步骤 02**　单击【栅格】按钮▦，即可打开栅格，如图 1-33 所示。

图 1-32　切换为布局 1

图 1-33　打开栅格

步骤 03　如果状态栏中没有显示坐标，单击【自定义】按钮▤，在菜单中勾选【坐标】，状态栏中即可显示坐标，如图 1-34 所示。

步骤 04　单击【切换工作空间】下拉按钮，选择【三维建模】工作空间，即可切换工作空间，如图 1-35 所示。

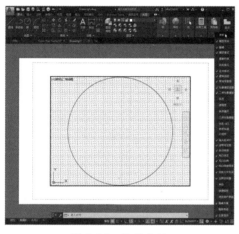

图 1-34　显示坐标

图 1-35　切换工作空间

技能拓展

辅助绘图工具位于综合工具左侧，绘图模式状态可通过相应的功能键或按钮切换。如果第一次按【F3】键为打开对象捕捉，那么第二次按【F3】键则关闭对象捕捉；反之，如果第一次按【F3】键为关闭对象捕捉，那么第二次按【F3】键则打开对象捕捉，其他辅助绘图工具的开关操作同理。

课堂范例——调整命令窗口的大小和位置

步骤 01　命令窗口中默认显示 3 行文字，用户可以根据需要调整其大小。将鼠标指针放置在命令窗口的上边界处，待鼠标指针变为形状时，向上拖曳鼠标即可将命令窗口放大，如图 1-36 所示。

步骤 02　将鼠标指针放置在命令窗口左侧控制栏的空白处，如图 1-37 所示。

图 1-36　调整命令窗口大小

图 1-37　将鼠标指针放置在控制栏空白处

步骤 03 单击并拖曳鼠标即可移动命令窗口位置，如图 1-38 所示。

步骤 04 将命令窗口拖曳至原位置，释放鼠标，还原命令窗口位置，如图 1-39 所示。

图 1-38 移动命令窗口位置

图 1-39 还原命令窗口位置

步骤 05 按快捷键【F2】可使命令历史区以文本窗口的形式显示，如图 1-40 所示。

图 1-40 文本窗口

温馨提示

AutoCAD 的命令通常会提供一些选项，也称为子命令，用户需要根据子命令来选择相应的操作。

课堂问答

通过本章的讲解，读者可以掌握 AutoCAD 2020 基础、AutoCAD 的启动与退出、AutoCAD 界面，下面列出一些常见的问题供学习参考。

问题 1：如何观看 AutoCAD 2020 的新功能介绍？

答：可以通过【帮助】命令观看 AutoCAD 2020 的新功能介绍，具体操作步骤如下。

步骤 01 按【F1】键进入【帮助】主页，如图 1-41 所示。

步骤 02 单击【了解】→【新功能】命令，即会显示 AutoCAD 2020 的新功能介绍，如图 1-42 所示。

图 1-41 【帮助】主页

图 1-42 新功能介绍

问题2：什么是坐标？

在实际操作中，要精确定位某个对象的位置，必须以坐标系为参照。笛卡尔坐标系是 AutoCAD 的默认坐标系，又称为直角坐标系，由一个原点和两条通过原点且相互垂直的坐标轴构成。其中，水平方向的坐标轴为 X 轴，以向右为其正方向；竖直方向的坐标轴为 Y 轴，以向上为其正方向。平面上任何一点都可以由坐标表示。常用的坐标输入方式有三种：绝对坐标、相对坐标和极坐标。

（1）绝对坐标，即某点相对于坐标原点的距离，如"420,297"。

（2）相对坐标，即某点与相对点的距离，在 AutoCAD 中相对坐标用"@"标识，如"@0,32"。不过自 2006 版增加【动态输入】功能后，默认输入的就是相对坐标，若需切换为以前的坐标输入方式，只需单击状态栏右侧的【自定义】按钮█，把【动态输入】（快捷键【F12】）关闭即可。

（3）极坐标，由一个极点和一个极轴构成，方向为水平向右；以上一个点为参考极点，输入极距增量和角度来定义下一个点的位置，输入格式为【距离＜角度】。

问题3：如何隐藏或显示功能面板？

答：通过选项卡后的下拉按钮█，可以隐藏或显示功能面板，具体操作步骤如下。

步骤01 如果要隐藏功能面板，单击选项卡后的下拉按钮█，打开快捷菜单，单击【最小化为选项卡】命令，如图 1-43 所示。

步骤02 当前功能区显示选项卡名称，单击选项卡后的下拉按钮█，打开快捷菜单，单击【最小化为面板标题】命令，如图 1-44 所示。

图 1-43 最小化为选项卡

图 1-44 最小化为面板标题

步骤03 当前功能区显示面板标题，单击选项卡后的下拉按钮█，打开快捷菜单，单击【最小化为面板按钮】命令，如图 1-45 所示。

步骤04 当前功能区显示面板按钮，单击选项卡后的【显示完整的功能区】按钮█，如图 1-46 所示，即可显示完整的功能区。

图 1-45 最小化为面板按钮

图 1-46 显示完整的功能区

为了帮助读者巩固本章知识点，下面讲解两个综合案例，使读者对本章的知识有更深入的了解。

上机实战——设置个性化的工作界面

效果展示

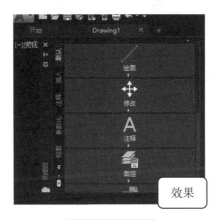

效果

思路分析

本例首先打开选项卡菜单，显示或隐藏选项卡，然后调整功能区的显示方式。

制作步骤

步骤 01　在功能区面板空白处右击，选择【显示选项卡】，打开快捷菜单，如图 1-47 所示。

步骤 02　依次单击需要隐藏的【协作】【Express Tools】【精选应用】选项卡，如图 1-48 所示。

图 1-47　打开快捷菜单

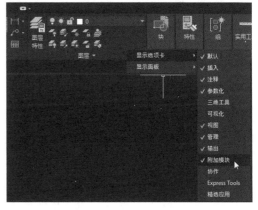

图 1-48　单击需要隐藏的选项卡

步骤 03　在功能区面板空白处右击，选择【显示面板】，单击需要隐藏的【组】面板，如图 1-49 所示。

步骤 04　功能区中的【组】面板即会被隐藏，如图 1-50 所示。

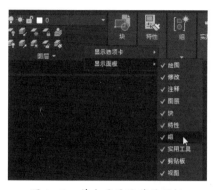

图 1-49　单击需要隐藏的面板

图 1-50　隐藏面板

步骤 05 在功能区面板空白处右击，单击【浮动】命令，如图 1-51 所示。

步骤 06 功能区面板即会以浮动面板的方式显示，如图 1-52 所示。

图 1-51　单击【浮动】命令

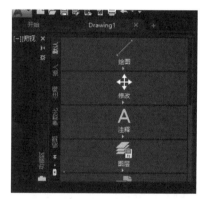

图 1-52　浮动面板显示效果

步骤 07 在浮动面板上按住鼠标左键，将其拖曳至原功能区面板的位置，如图 1-53 所示。

步骤 08 释放鼠标，功能区面板即会还原到默认位置，如图 1-54 所示。

图 1-53　拖曳浮动面板

图 1-54　还原功能区面板

◉ 同步训练——调用菜单栏

为了增强读者在 AutoCAD 2020 中绘图的能力，下面安排一个同步训练案例，让读者的学习达到举一反三、触类旁通的效果。

图解流程

思路分析

在 AutoCAD 中设置文件内容的某些格式时，常常需要通过菜单栏来实现。AutoCAD 2020 没有设置【AutoCAD 经典】工作空间，需要手动调用菜单栏。

本例首先通过自定义快速访问工具栏调用菜单栏，然后使用同样的方法隐藏菜单栏。

关键步骤

步骤 01 启动 AutoCAD 2020，单击【自定义快速访问工具栏】按钮，打开快捷菜单。

步骤 02 在菜单中单击【显示菜单栏】命令，如图 1-55 所示。

步骤 03 功能区面板上方即会显示菜单栏，如图 1-56 所示。

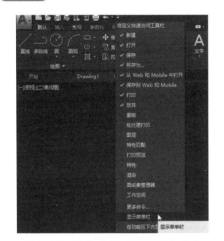

图 1-55　单击【显示菜单栏】命令

图 1-56　显示菜单栏

步骤 04 如果要隐藏菜单栏，则再次单击【自定义快速访问工具栏】按钮，打开快捷菜单。

步骤 05 在菜单中单击【隐藏菜单栏】命令，即可隐藏菜单栏。

🌿 **知识能力测试**

一、填空题

1. AutoCAD 是 ＿＿＿ 国 ＿＿＿＿＿ 公司开发的一款 ＿＿＿＿＿＿ 软件，是用于二维及三维设计、绘图的工具。

2. 如果不小心启用了不想使用的命令，按 _____ 键即可退出。

3. 为了满足不同用户的使用需求，AutoCAD 2020 提供了 _____、_____、_____ 3 种工作空间模式。

二、选择题

1. 要在 AutoCAD 中执行通过多个步骤完成的复杂命令，需要根据命令窗口中的（　　）来操作。

A. 菜单栏　　　　　B. 子命令　　　　　C.【新建】按钮　　　D.【栅格】按钮

2. 要在 AutoCAD 里进行多个文件之间的快速切换，可以使用快捷键（　　）。

A.【Tab】　　　　　B.【Alt+Tab】　　　C.【Shift+Tab】　　　D.【Ctrl+Tab】

3. AutoCAD 处于准备接收命令的状态时，通过键盘输入各种工具的英文命令或快捷命令，然后按（　　）键或空格键即可执行该命令。

A.【Enter】　　　　B.【Shift】　　　　C.【Alt】　　　　　D.【Tab】

4. 以下哪个领域不是 AutoCAD 的应用领域？

A. 建筑装饰　　　　B. 电子制造　　　　C. 服装加工　　　　D. 图像处理

三、简答题

1. 在 AutoCAD 中关闭图形与退出程序有什么不同？

2. AutoCAD 2020 有哪些新功能？

AutoCAD
2020

第2章
AutoCAD的基础操作

本章主要讲解 AutoCAD 2020 中绘图的基础操作，包括文件的基本操作、设置绘图环境、设置辅助功能、控制视图、执行命令的方式等入门知识。

学习目标

- 掌握文件的基本操作
- 掌握设置绘图环境的方法
- 掌握设置辅助功能的方法
- 掌握控制视图的方法
- 掌握执行命令的方式

文件的基本操作

文件的基本操作是指对 AutoCAD 图形文件的管理操作，包括新建图形文件、打开图形文件、保存图形文件及关闭图形文件等。

2.1.1　新建图形文件

在 AutoCAD 中，新建图形文件是指新建一个程序默认的样板文件，也可以在【选择样板】对话框中选择一个样板文件，作为新图形文件的基础。新建图形文件的具体操作步骤如下。

步骤 01　启动 AutoCAD 2020，单击【应用程序菜单】按钮 **A**，选择【新建】命令，单击【图形】命令，如图 2-1 所示。

步骤 02　在【选择样板】对话框中选择【acadiso】样板文件，单击【打开】按钮，如图 2-2 所示。

图 2-1　单击命令

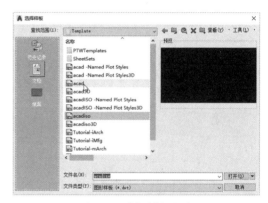

图 2-2　选择样板文件

技能拓展

样板是一个包括一些图形设置和常用对象（如标题块和文本）的特殊文件，扩展名是 dwt。以样板为基础绘制的新图形会自动套用样板中的设置和对象，这样可以避免每次绘图都重复地设置单位、图层、文字样式、标注样式等。AutoCAD 2020 中内置了许多样板可供使用，用户也可以自定义这些样板，还可以创建自己的样板。在键盘上按快捷键【Ctrl+N】可以快速新建一个 AutoCAD 文件。

步骤 03　程序会新建一个名为 "Drawing2.dwg" 的文件，如图 2-3 所示。

温馨提示

每次启动 AutoCAD 2020，程序都会自动建立名为 "Drawing1.dwg" 的图形文件。在新建图形文件的过程中，默认图形文件名会随打开新图形的数目而变化。例如，如果从样板文件中打开另一图形，则默认的图形文件名为 "Drawing2.dwg"。

图 2-3　新建文件

2.1.2　保存图形文件

绘图前首先要对文件进行命名和保存，避免因死机或停电等意外状况导致数据丢失。保存图形文件的具体操作步骤如下。

步骤 01　在快速访问工具栏中单击【保存】按钮 📇（或按快捷键【Ctrl+S】），如图 2-4 所示。

步骤 02　在打开的【图形另存为】对话框中单击【保存于】后的下拉按钮，设置保存路径，如图 2-5 所示。

图 2-4　单击【保存】按钮

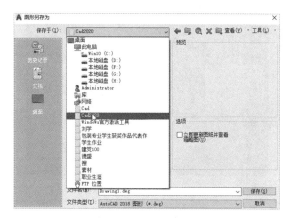

图 2-5　设置保存路径

步骤 03　在【文件名】后的文本框内输入文件名称，如"2-1-2"，单击【保存】按钮，如图 2-6 所示。

步骤 04　当前程序显示保存后名为"2-1-2"的图形文件，如图 2-7 所示。

图 2-6　命名文件

图 2-7　显示文件名

2.1.3　打开图形文件

要继续进行某个图形的绘制或对其进行修改，可以打开已有的图形文件。打开图形文件的具体操作步骤如下。

步骤 01　单击【开始】选项卡，如图 2-8 所示。

步骤 02　单击【打开文件】按钮，打开【选择文件】对话框，如图 2-9 所示。

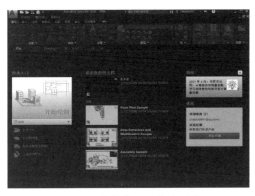

图 2-8　单击【开始】选项卡

图 2-9　打开【选择文件】对话框

技能
拓展

通过以下几种方法也可以打开已保存的图形文件。

1. 单击【应用程序菜单】按钮，选择【打开】命令，单击【图形】命令，即可在【选择文件】对话框中选择要打开的图形文件。

2. 单击快速访问工具栏中的【打开】按钮，即可在【选择文件】对话框中选择要打开的图形文件。

3. 在命令行中输入打开命令【OPEN】，按空格键确认。

4. 按快捷键【Ctrl+O】即会弹出【选择文件】对话框，选择文件并打开。

步骤 03　选择需要打开的文件，单击【打开】按钮，如图 2-10 所示。

步骤 04 即可打开已保存的图形文件，如图 2-11 所示。

图 2-10 选择文件并单击按钮

图 2-11 打开已保存的图形文件

2.1.4 关闭图形文件

关闭当前的图形文件与关闭 AutoCAD 程序是不同的，关闭图形文件不会关闭 AutoCAD 程序，而关闭 AutoCAD 程序会自动关闭当前文件。关闭图形文件的具体操作步骤如下。

步骤 01 单击需要关闭的图形文件选项卡后的【关闭】按钮 ▨，如图 2-12 所示。

步骤 02 弹出提示框，单击【否】按钮，关闭图形文件，如图 2-13 所示。

图 2-12 单击图形文件选项卡后的【关闭】按钮

图 2-13 单击【否】按钮

温馨提示

要关闭图形文件时，若图形文件没有保存，会弹出是否需要保存文件的提示框。如果要保存文件，则单击【是】按钮；如果不保存文件，则单击【否】按钮；如果要继续绘制图形，则单击【取消】按钮，返回操作状态，文件不关闭。

课堂范例——另存为图形文件

步骤 01 打开"素材文件 \ 第 2 章 \2-1-2.dwg"，单击快速访问工具栏中的【另存为】按钮 ▦，打开【图形另存为】对话框，如图 2-14 所示。

步骤 02 指定文件要保存的位置，输入新的文件名，如"另存文件"，单击【保存】按钮，如图 2-15 所示。

图 2-14　打开【图形另存为】对话框

图 2-15　输入新的文件名

2.2　设置绘图环境

在 AutoCAD 中，需要设置的绘图环境包括图形单位、绘图区域颜色、十字光标大小等。

2.2.1　设置图形单位

在 AutoCAD 2020 中，用户可以根据需要设置长度、精度、单位等。设置图形单位的具体操作步骤如下。

步骤 01　输入【图形单位】命令 UN，按空格键确认，如图 2-16 所示。

步骤 02　打开【图形单位】对话框，如图 2-17 所示。

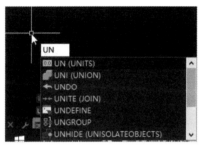

图 2-16　输入并执行命令

图 2-17　打开【图形单位】对话框

温馨
提示

图形单位规定了图形对象的度量方式，可将设定的图形单位保存在样板中。各行业有不同的图形单位使用习惯，因此应使用适合图形的图形单位，方便同行业人员理解该图形。工程制图中最常用的单位是毫米（mm）。

步骤 03 设置【长度】类型为【小数】，单击【精度】下拉按钮，选择"0"，如图2-18所示。

步骤 04 继续设置角度、单位等，完成后单击【确定】按钮即可。

图 2-18 设置精度

技能
拓展

AutoCAD 会自动将度量值四舍五入为预先设置的精度。假设将【精度】设置为"0.00"，要绘制长度为"3.25"的直线，输入长度时不小心多输入了一个"4"，则实际长度为"3.254"，但仍显示为"3.25"。

2.2.2 设置绘图区域颜色

AutoCAD 2020 的绘图区域颜色可以更改，用户可以根据自己的喜好和习惯来设置绘图区域的颜色。设置绘图区域颜色的具体操作步骤如下。

步骤 01 输入【OP】命令并按空格键确认，打开【选项】对话框，设置颜色主题为【明】，单击【颜色】按钮，如图2-19所示。

步骤 02 在【图形窗口颜色】对话框中单击【颜色】下拉按钮，选择【白】选项，单击【应用并关闭】按钮，完成设置后单击【确定】按钮，如图2-20所示。

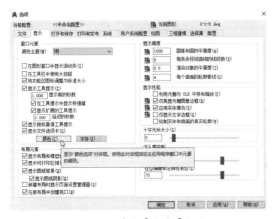

图 2-19 单击【颜色】按钮

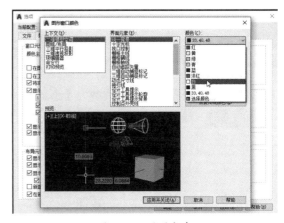

图 2-20 设置颜色

步骤 03 绘图区域显示新设置的颜色，效果如图 2-21 所示。

步骤 04 若想使用默认颜色，只需在【图形窗口颜色】对话框中单击【恢复传统颜色】按钮即可，如图 2-22 所示。

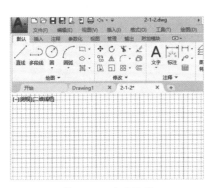

图 2-21 显示效果

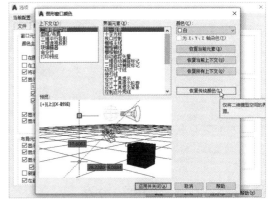

图 2-22 恢复传统颜色

2.2.3 设置十字光标大小

在 AutoCAD 中，十字光标的默认大小是根据屏幕大小决定的，用户可以根据自己的习惯调整十字光标的大小。设置十字光标大小的具体操作步骤如下。

步骤 01 输入【选项】命令 OP，打开【选项】对话框，单击【显示】选项卡，将【十字光标大小】设置为"30"，单击【确定】按钮，如图 2-23 所示。

步骤 02 设置完成后的效果如图 2-24 所示。

图 2-23　【选项】对话框

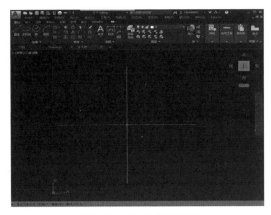

图 2-24　十字光标效果

温馨提示

在 AutoCAD 中，十字光标默认大小为 5，大小范围为 1~100，数值越大，十字光标越大。在绘图过程中，用户可以根据自己的习惯或需要调整其大小。

📚 **课堂范例——设置 A4（297mm×210mm）界限**

步骤 01　输入【图形界限】命令 LIMITS 并按空格键确认，再次按空格键指定左下角点，指定新的图形界限 "297,210"，按【Enter】键确认，如图 2-25 所示。

步骤 02　输入【草图设置】命令 DS，打开【草图设置】对话框，勾选【图纸/布局】前的复选框，取消勾选【显示超出界限的栅格】前的复选框，设置完成后单击【确定】按钮，如图 2-26 所示。

图 2-25　设置图形界限

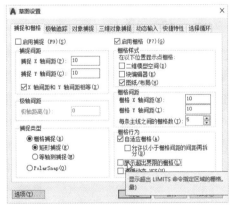

图 2-26　设置栅格选项

温馨提示

在 AutoCAD 中输入坐标时，数字之间必须使用英文逗号 ","。

步骤 03　当前绘图窗口显示新设置的图形界限，效果如图 2-27 所示。

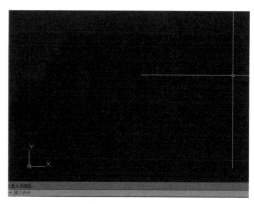

图 2-27　显示效果

温馨
提示

　　图形界限是 AutoCAD 绘图空间中的一个矩形绘图区域，在打开（ON）的状态下，超出界限的区域是不能绘图的，默认状态为关闭（OFF）。在【草图设置】（快捷命令为 DS）中取消勾选【显示超出界限的栅格】复选框时，打开【显示图形栅格】（快捷键为【F7】）将会只显示图形界限区域。

2.3　设置辅助功能

　　本节将介绍 AutoCAD 2020 中辅助功能的设置。通过这些设置，可以为以后的图形绘制工作做好准备，从而提高用户的工作效率和绘图的准确性。

2.3.1　对象捕捉

　　【对象捕捉】主要用于精确定位，绘制图形时可以根据设置的物体特征点进行捕捉，如端点 □ ☑端点(E)、圆心 ○ ☑圆心(C)、中点 △ ☑中点(M)、垂足 ╧ ☑垂足(P)等。在实际绘图时如果打开了【对象捕捉】，依然捕捉不到需要的点，可以对【对象捕捉】进行相关设置。

　　在打开【对象捕捉】的情况下，将十字光标移动到已绘制对象上，所显示的图标就是【对象捕捉模式】栏中的内容；各图标代表的内容如图 2-28 所示。

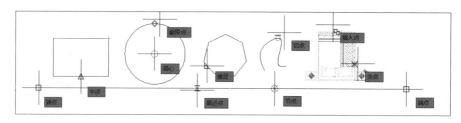

图 2-28　各图标代表的内容

对象上显示的捕捉点图标、名称和含义如表 2-1 所示。

表 2-1 【对象捕捉】的捕捉点图标、名称和含义

捕捉点图标	名称	含义
□	端点	捕捉直线或曲线的端点
△	中点	捕捉直线或弧段的中间点
○	圆心	捕捉圆、椭圆或弧段的中心点
⊗	节点	捕捉用 POINT 命令绘制的点对象
◇	象限点	捕捉位于圆、椭圆或弧段上 0°、90°、180°、270° 处的点
×	交点	捕捉两条直线或弧段的交点
⧖	最近点	捕捉处在直线、弧段、椭圆或样条曲线上，距离十字光标最近的特征点
ō	切点	捕捉圆、弧段或其他曲线的切点
⊾	垂足	捕捉从已知点到已知直线的垂线的垂足
⧉	插入点	捕捉图块、标注对象或外部参照的插入点

设置并使用【对象捕捉】的具体操作步骤如下。

步骤 01 打开“素材文件 \ 第 2 章 \ 圆 .dwg”，输入命令【OS】打开【草图设置】对话框，启用对象捕捉并设置相关内容，完成后单击【确定】按钮，如图 2-29 所示。

步骤 02 输入【直线】命令 L，按空格键确认，提示指定直线起点时捕捉圆的左象限点，如图 2-30 所示。

步骤 03 按【F3】键关闭对象捕捉，再次指向圆的左象限点时不能捕捉点，如图 2-31 所示。

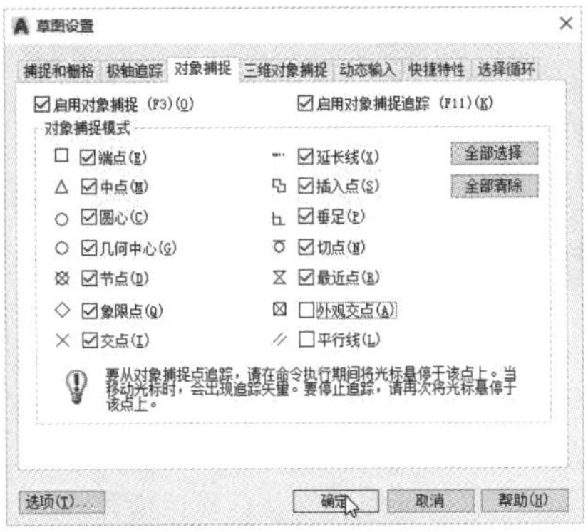

图 2-29 设置对象捕捉

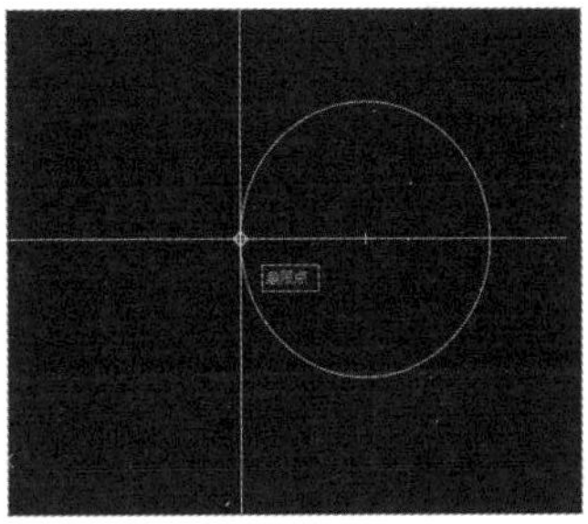

图 2-30 捕捉左象限点

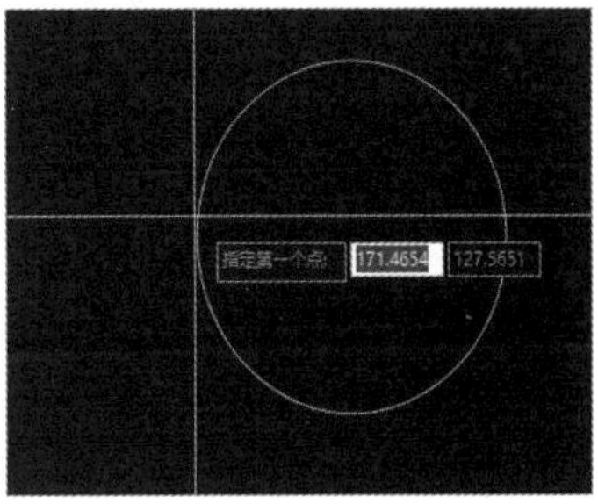

图 2-31 不能捕捉点

2.3.2 对象捕捉追踪

打开【对象捕捉追踪】可以显示捕捉参照线，使用户在对现有图形对象进行捕捉的基础上指定某个点。该功能会从指定点开始绘制临时追踪线，以指定所需要的点。

使用【对象捕捉追踪】的具体操作步骤如下。

步骤 01 打开"素材文件\第 2 章\圆 .dwg"，输入【直线】命令 L 并按空格键，单击指定起点，捕捉点后向上移动十字光标，会以虚线显示一条临时追踪线，十字光标处出现 × 符号，如图 2-32 所示。

步骤 02 按【F11】键关闭【对象捕捉追踪】，再次向上移动十字光标则不显示临时追踪线，如图 2-33 所示。

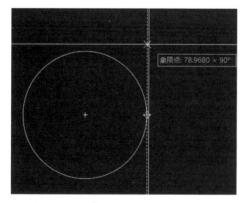

图 2-32　对象捕捉追踪打开时的效果

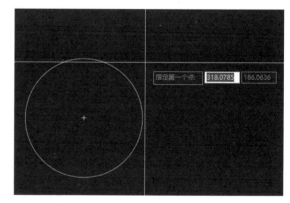

图 2-33　对象捕捉追踪关闭时的效果

（2）能捕捉对象特殊点之外的特定点，如在矩形内绘制圆时，需要使圆心在矩形的中心点位置。

（3）需要从已有的两条直线的延长线的交点处开始绘制直线。

捕捉一个点后，每当十字光标经过可进行追踪的点时，屏幕上都会显示临时追踪线。对于捕捉到的点，可以通过以下3种方式取消捕捉。

（1）将十字光标移回该点的加号处。

（2）关闭对象捕捉追踪功能。

（3）执行任意一个新的命令。

2.3.3 正交模式

正交模式可以将十字光标限制在水平或竖直方向上移动，使用该模式绘制的对象都是水平或竖直的，便于精确地创建和修改对象。使用正交模式绘制直线的具体操作步骤如下。

步骤 01 输入【直线】命令 L，按空格键确认，单击指定起点，按【F8】键打开正交模式，向右下方移动十字光标，如图 2-34 所示。

步骤 02 再次按【F8】键关闭正交模式，将十字光标向右下方移动，如图 2-35 所示。

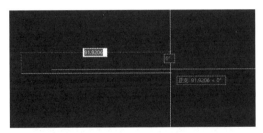

图 2-34 正交模式打开时的效果

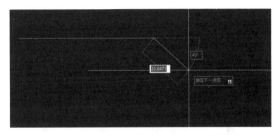

图 2-35 正交模式关闭时的效果

打开【极轴追踪】也可以绘制水平或竖直的直线。【极轴追踪】和【正交模式】不能同时打开，打开【极轴追踪】将自动关闭【正交模式】。

课堂范例——绘制台灯俯视图

步骤 01 输入命令【OS】打开【草图设置】对话框，设置对象捕捉，设置完成后单击【确定】按钮，如图 2-36 所示。

步骤 02 按【F8】键打开【正交模式】，输入【圆】命令 C 并按空格键，在绘图区域中单击指定起点，向右移动十字光标并输入半径，如"200"，按空格键确认，如图 2-37 所示。

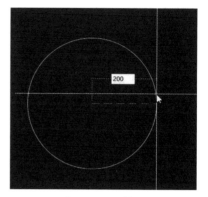

图 2-36　设置对象捕捉　　　　　　　　　　图 2-37　绘制圆

技能
拓展

　　设置好对象捕捉功能后，在绘图过程中，可以通过单击状态栏中的【对象捕捉】按钮　，或按【对象捕捉】的快捷键【F3】，打开或关闭对象捕捉功能。

步骤 03　按空格键重复圆命令，捕捉圆心并单击，输入半径"50"，按【Enter】键确认，如图 2-38 所示。

步骤 04　输入【直线】命令 L 并按空格键，在内圆上捕捉象限点并单击指定直线的起点，如图 2-39 所示。

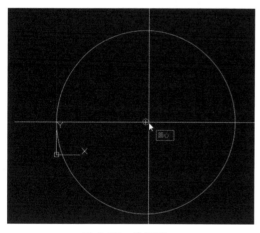

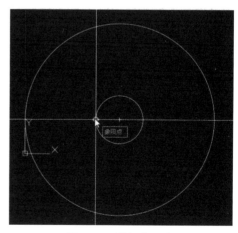

图 2-38　捕捉圆心　　　　　　　　　　图 2-39　捕捉象限点

步骤 05　向右移动十字光标捕捉内圆上的另一个象限点并单击，按空格键结束直线命令，如图 2-40 所示。

步骤 06　按空格键激活直线命令，绘制垂直线，最终效果如图 2-41 所示。

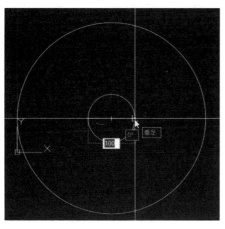

图 2-40 捕捉象限点

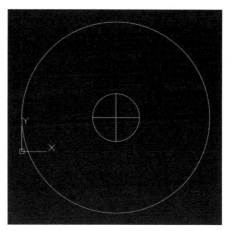

图 2-41 最终效果

2.4 视图控制

在使用 AutoCAD 绘图时通常会按照实际尺寸绘制图形，绘制的图形有时需要在屏幕上全部显示，有时需要对细节进行调整，只显示局部。放大、缩小、移动绘制的图形，其真实尺寸都保持不变。这些最基本的视图转换就是视图控制，熟练掌握视图控制的方法能极大地提高绘图速度。

2.4.1 平移及缩放视图

【平移视图】是指在视图的显示比例不变的情况下改变视图，查看图形，而不更改图形中对象的位置或比例，类似于平移相机的取景框。按住鼠标滚轮，鼠标指针变为手形，将鼠标上、下、左、右移动即可实现视图平移，释放鼠标滚轮即可退出实时平移模式。

在 AutoCAD 中可以放大和缩小视图，便于对图形进行查看和修改，类似于使用相机进行缩放，在对图形进行缩放后，图形的实际尺寸并没有改变，只是图形在屏幕上的显示大小发生了变化。缩放视图的具体操作步骤如下。

步骤 01 输入命令【Z】并按空格键两次，鼠标指针显示为放大镜形状 🔍，如图 2-42 所示。

步骤 02 按住鼠标左键并向上移动，可将视图放大，如图 2-43 所示。

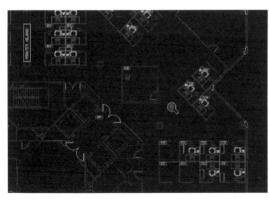
图 2-42　激活缩放视图命令

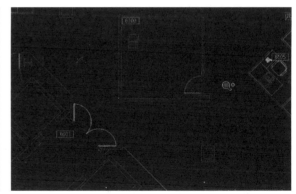
图 2-43　放大视图

步骤 03　按住鼠标左键并向下移动，可将视图缩小，如图 2-44 所示。

步骤 04　上下滚动鼠标滚轮可任意缩放视图，如图 2-45 所示。

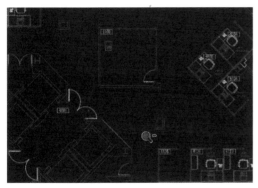
图 2-44　缩小视图

图 2-45　任意缩放视图

技能
拓展　　通过鼠标控制视图缩放，能极大地提高绘图效率。用鼠标滚轮快速缩放时，视图会以鼠标指针所在位置为中心进行缩放；用双击滚轮的方式显示全图时，要快速地连续按两次滚轮。

2.4.2　视口及三维视图

在使用 AutoCAD 绘图时，为了方便查看和编辑图形，往往需要放大局部显示细节，但同时又要查看整体效果，如果要同时满足这两个需求，可以对视口进行设置。设置视口的具体操作步骤如下。

步骤 01　单击【视图】选项卡，单击【视口配置】下拉按钮，单击【三个：左】命令，如图 2-46 所示。

步骤 02　当前绘图区域显示为三个视口，如图 2-47 所示。

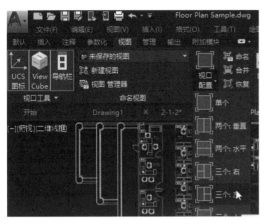

图 2-46　单击【三个：左】命令

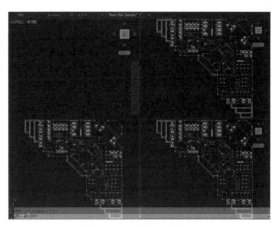

图 2-47　显示三个视口

步骤 03　单击【视口控件】按钮➕，单击【最大化视口】命令，绘图区域即会只显示一个视口，如图 2-48 所示。

步骤 04　当前绘图区域显示为二维视图，单击【视图控件】按钮俯视，单击【西南等轴测】命令，如图 2-49 所示。

图 2-48　单击【最大化视口】命令

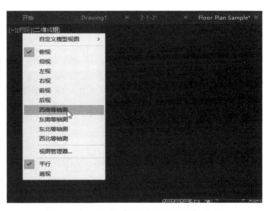

图 2-49　单击【西南等轴测】命令

步骤 05　当前绘图区域显示为三维视图，十字光标显示为三维光标，如图 2-50 所示。

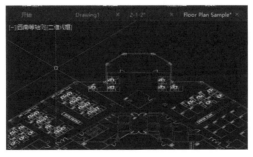

图 2-50　显示三维视图

2.5 执行命令的方式

AutoCAD 命令的执行方式主要包括鼠标操作和键盘操作。鼠标操作是使用鼠标选择命令或单击工具按钮调用命令，键盘操作是直接输入命令语句调用命令。

2.5.1 输入命令

要在 AutoCAD 中绘制图形，必须输入必要的命令和参数，最快捷的方法是在命令行中输入相应的快捷命令并按空格键确认，程序即可执行该命令。使用命令行输入命令的具体操作步骤如下。

步骤 01 命令行中显示【键入命令】提示时，表示 AutoCAD 处于准备接收命令的状态，如图 2-51 所示。

步骤 02 输入【圆】命令 C，按空格键确认，命令行显示【圆】命令已激活，提示指定圆的圆心，如图 2-52 所示。

步骤 03 在绘图区域中单击指定圆心，根据提示输入半径值，如"100"，按空格键确认，完成圆的绘制，效果如图 2-53 所示。

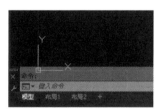

图 2-51 准备接收命令   图 2-52 提示指定圆的圆心   图 2-53 完成圆的绘制

2.5.2 撤销和重做命令

在绘图过程中，常常需要重复执行一个命令多次，或恢复上一个已经撤销的命令，这时就要用到重做命令。撤销和重做命令的具体操作步骤如下。

步骤 01 在矩形内绘制一个圆，按快捷键【Ctrl+Z】或单击【放弃】命令按钮 ，即可撤销绘制圆，如图 2-54 所示。

步骤 02 按快捷键【Ctrl+Y】或单击【编辑】→【重做】命令按钮 ，撤销的圆即会被恢复，如图 2-55 所示。

图 2-54 放弃命令

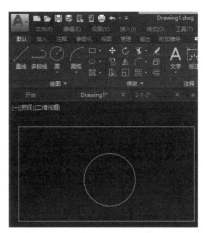

图 2-55 重做命令

技能拓展

在执行命令的过程中，如果绘制错了一步或几步，可以在命令行中输入【U】，按空格键即可撤销错误命令，撤销后可以继续绘制。

2.5.3 取消和重复命令

取消命令主要用于在命令执行过程中退出当前命令；重复命令是结束一个命令后，在没有进行任何操作的前提下，按空格键直接激活上一个命令。取消和重复命令的具体操作步骤如下。

步骤 01 在执行【直线】命令的过程中，单击鼠标右键，在快捷菜单中单击【取消】，即可退出当前执行中的命令，如图 2-56 所示。

步骤 02 要重复上一个执行的命令，则按空格键或【Enter】键，上一个命令即【直线】命令 LINE 被激活，如图 2-57 所示。

图 2-56　取消命令

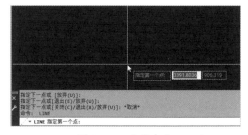

图 2-57　重复命令

步骤 03 按【Esc】键（有些命令需要连续按两次【Esc】键），即可取消当前正在执行的命令，如图 2-58 所示。

步骤 04 在命令行中右击，在菜单中选择【最近的输入】，单击【LINE】激活直线命令，如图 2-59 所示。

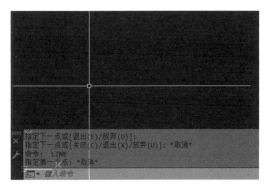

图 2-58　取消命令

图 2-59　激活直线命令

> **技能拓展**
>
> 在 AutoCAD 中执行命令时，程序默认在没有选中对象的前提下，单击鼠标右键、按【Enter】键或按空格键为重复执行上一个命令；激活最近执行过的命令的方法为：按【↑】键，在十字光标处可以看到执行过的命令，按几次【↑】键就会显示倒数第几次的历史命令，选择要执行的命令后按【Enter】键或空格键即可执行该命令；按【Esc】键可以取消正在执行、正准备执行的命令或选中对象的状态。

📖 课堂问答

通过本章的讲解，读者可以掌握文件的基本操作、设置绘图环境的方法、设置辅助功能的方法、控制视图的方法及执行命令的方式，下面列出一些常见的问题供学习参考。

问题 1：如何设置文件自动保存时间？

答：可以通过【选项】对话框设置文件的自动保存时间，具体操作步骤如下。

输入【OP】命令打开【选项】对话框，单击【打开和保存】选项卡，设置自动保存时间为【5】，单击【确定】按钮，如图 2-60 所示。

图 2-60　设置自动保存时间

温馨
提示

在绘图过程中如果没有随时保存的习惯，或担心遇到故障，可以根据需要设置文件自动保存时间。

问题 2：什么是【自】功能？如何使用【自】功能？

【自】功能可以帮助用户在正确的位置绘制新对象，通过该功能可以在距一个已有对象一定距离和角度的位置开始绘制一个新对象。当需要指定的点在 X、Y 方向上距对象捕捉点的距离已知，但该点不在任何对象捕捉点上时，即可使用【自】功能，具体操作步骤如下。

步骤 01 输入命令【REC】绘制矩形，单击指定矩形的第一个角点，如图 2-61 所示。

步骤 02 输入另一个角点的位置，如"1000,500"，按空格键确认，如图 2-62 所示。

图 2-61　指定第一个角点

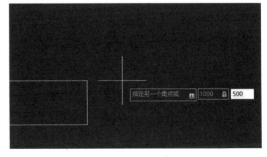

图 2-62　输入另一个角点的位置

步骤 03 按空格键激活矩形命令，输入【自】命令 FROM，按空格键确认，如图 2-63 所示。

步骤 04 单击指定【自】的基点，如矩形左下角点，如图 2-64 所示。

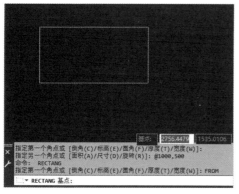

图 2-63　输入【自】命令

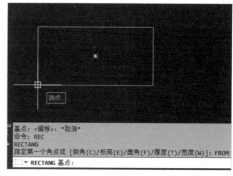

图 2-64　指定基点

步骤 05 输入偏移距离，如 "@200,100"，按空格键确认，如图 2-65 所示。

步骤 06 矩形起始角点即被指定，移动十字光标指定另一个角点，如图 2-66 所示。

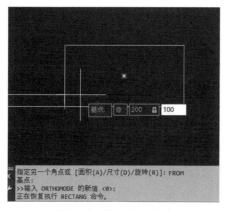

图 2-65　输入偏移距离

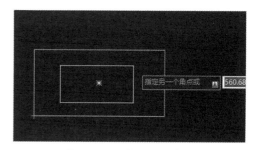

图 2-66　指定另一个角点

技能拓展

在为【自】功能指定偏移点时，即使动态输入中默认的设置是相对坐标，也需要在输入时加上 "@" 来表明这是一个相对坐标值。动态输入的相对坐标设置仅适用于指定第 2 个点时。例如，绘制一条直线时，输入的第一个坐标为绝对坐标，随后输入的坐标才是相对坐标。

执行一个需要指定点的命令后，除了可以在命令行或动态输入工具栏提示下输入 "FROM"，还可以按住【Shift】键的同时单击鼠标右键，然后在弹出的菜单中选择【自】命令。

问题 3：如何不使用样板创建图形文件？

答：要创建一个不带任何预设的图形文件是不可能的，但可以创建一个带有最少预设的图形文件。在他人的计算机上工作，而又不想花时间去掉大量对自己工作无用的复杂设置时，就会有这样的需求。不使用样板创建图形文件的具体操作步骤如下。

按快捷键【Ctrl+N】新建文件，在【选择样板】对话框中单击【打开】按钮后的下拉按钮 ▼，单击【无样板打开 - 公制（M）】选项，如图 2-67 所示，即可以最少的预设创建图形文件。

图 2-67 单击选项

技能拓展

　　通过快速访问工具栏中的【新建】按钮可以直接创建新图形，不会打开【选择样板】对话框，因此要通过【选择样板】对话框创建新图形必须使用【应用程序菜单】按钮 **A**。

　　为了帮助读者巩固本章知识点，下面讲解两个综合案例，使读者对本章的知识有更深入的了解。

上机实战——使用透明命令绘图

效果展示

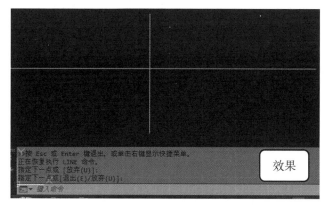

思路分析

　　绘图时经常会使用透明命令，透明命令是在执行某一个命令的过程中，插入并执行的第二个命令。完成透明命令后，可以继续进行原命令的相关操作，整个过程中原命令都是执行状态。并不是所有的命令都可以以透明的方式执行，常用的透明命令只有有关视图或变量设置的一些命令。

本例首先激活直线命令，然后使用透明命令打开正交模式绘制直线，之后通过透明命令观察图形，最后完成图形的绘制。

制作步骤

步骤 01 输入【直线】命令 L 并按空格键确认，单击指定起点，如图 2-68 所示。

步骤 02 按【F8】键打开正交模式，继续完成直线的绘制，如图 2-69 所示。

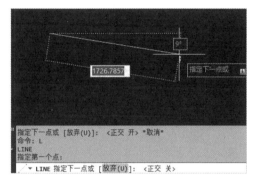
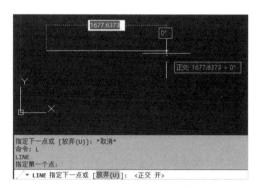

图 2-68 执行直线命令　　　　　　　　　　　　图 2-69 打开正交模式

步骤 03 按空格键重复直线命令，在水平线下方单击指定直线起点，向上移动十字光标，按住鼠标滚轮向上拖曳图形至适当位置释放滚轮，继续绘制直线，如图 2-70 所示。

步骤 04 输入透明命令缩放【'Z】，如图 2-71 所示。

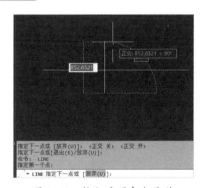
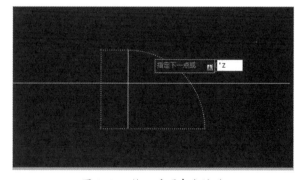

图 2-70 执行透明命令平移　　　　　　　　　　图 2-71 输入透明命令缩放

步骤 05 按【Enter】键两次，按住鼠标左键向上移动即可放大图形，向下移动即可缩小图形，如图 2-72 所示。

步骤 06 完成缩放后按空格键退出缩放命令，继续绘制直线，如图 2-73 所示。

图 2-72　使用缩放命令

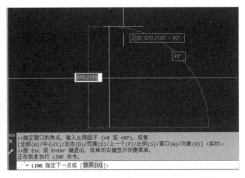

图 2-73　退出缩放命令继续绘制直线

温馨
提示

输入透明命令的方法主要有以下几种。

1. 直接用鼠标。如前面介绍的使用鼠标滚轮缩放或平移其实就是一种透明命令。

2. 用功能键。如按相应的功能键开关正交、对象捕捉、栅格等。

3. 输入命令。其格式是在命令前加单引号【'】，然后输入命令，透明命令的提示前会有一个双折号，完成透明命令后，继续执行原命令。

同步训练——绘制窗框

图解流程

效果

本例主要讲解绘制田字窗框的过程，主要练习运用【自】功能、正交模式和捕捉模式辅助绘图的技巧。

本例首先激活矩形命令绘制矩形，然后使用【自】命令绘制内框，最后打开捕捉模式，使用直线命令绘制窗格。

关键步骤

步骤 01 输入【REC】激活矩形命令，单击指定矩形第一个角点，输入矩形的尺寸，如"@800,800"，按空格键确认。

步骤 02 按空格键激活矩形命令，输入【自】命令 FROM，按空格键确认，单击指定"自"的基点。

步骤 03 输入偏移距离，如"@50,50"，按空格键确认，如图 2-74 所示。

步骤 04 输入另一个角点位置"@700,700"，按空格键确认，如图 2-75 所示。

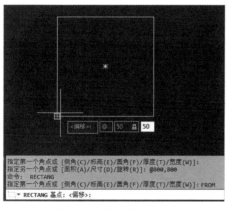

图 2-74 输入偏移距离

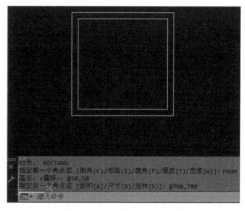

图 2-75 输入角点位置

步骤 05 输入【L】激活直线命令，按【F3】键打开【对象捕捉】，捕捉内框中点绘制直线，如图 2-76 所示。

步骤 06 捕捉内框中点绘制另一条直线，窗框的绘制效果如图 2-77 所示。

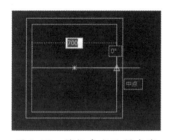

图 2-76 捕捉中点绘制直线

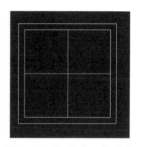

图 2-77 绘制另一条直线

知识能力测试

一、填空题

1. 在 AutoCAD 中，绘制直线的命令是 _____，绘制矩形的命令是 _____。

2. 设置图形单位的快捷键是 _____，工程制图最常用的单位是 _____。

3. AutoCAD 图形文件的默认格式是 _____，样板文件的格式是 _____。

4. 在 AutoCAD 中，撤销的快捷键是 _____，重做的快捷键是 _____。

二、选择题

1. 在 AutoCAD 中选项的快捷命令是（　　）。

A. LA　　　　　　　B. OP　　　　　　　C. ST　　　　　　　D. OS

2. 快速退出 AutoCAD 2020 程序的快捷键是（　　）。

A.【Alt+F4】　　　B.【Ctrl+F4】　　　C.【Ctrl+Shift】　　　D.【Ctrl+Alt】

3. 重复命令是指执行了一个命令后，在没有进行任何其他操作的前提下再次执行该命令时，不需要重新输入该命令，直接按（　　）键或空格键即可重复执行该命令。

A.【Enter】　　　B.【Shift】　　　C.【Alt】　　　D.【Tab】

4. 对象捕捉的开关是（　　）。

A.【F3】　　　　　B.【F8】　　　　　C.【F10】　　　　　D.【F11】

5. 在 AutoCAD 中，按（　　）键即可取消执行命令。

A.【Enter】　　　B. 鼠标右键　　　C.【F1】　　　D.【Esc】

三、简答题

1. 输入命令的方法有哪些？分别有什么特点？

2. 在 AutoCAD 2020 中如何用鼠标滚轮缩放和平移？

AutoCAD
2020

第3章
创建常用二维图形

　　本章主要讲解创建二维图形的命令和操作方法，包括点、线、封闭的图形、圆弧和圆环等常用二维图形。

学习目标

- 掌握绘制点的方法
- 掌握绘制线的方法
- 掌握绘制封闭图形的方法
- 掌握绘制圆弧和圆环的方法

3.1　绘制点

　　点是组成图形最基本的元素，除了可以作为图形的一部分，还可以作为绘制其他图形时的控制点和参考点。AutoCAD 2020 中绘制点的命令主要包括单点、多点、定数等分点、定距等分点等。

3.1.1　设置点样式

　　默认的点样式是一个小点，为了方便观察，AutoCAD 提供了 20 种点样式。各行业领域有不同的绘制点对象的习惯，因此绘制点前需要设置点样式，具体操作步骤如下。

步骤 01 执行【点样式】命令 PT，打开【点样式】对话框，如图 3-1 所示。

步骤 02 选择需要的点样式，单击【确定】按钮，如图 3-2 所示。

步骤 03 在绘图区域中单击创建点，如图 3-3 所示。

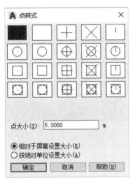

图 3-1　【点样式】对话框

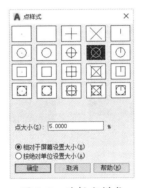

图 3-2　选择点样式

图 3-3　单击创建点

技能拓展

　　【点样式】对话框中的选项如下。

- 点大小：设置点的显示大小。可设置点相对于屏幕的大小，也可设置点的绝对大小。
- 相对于屏幕设置大小：点大小会按设置的比例随视图的缩放而变化。
- 按绝对单位设置大小：无论如何缩放视图，点大小都会按设置的单位显示，不会变化。

3.1.2　绘制点

　　在 AutoCAD 中，绘制的点对象除了可以作为图形的一部分，也可以作为绘制其他图形时的控制点和参考点。绘制点的具体操作步骤如下。

步骤 01 打开"素材文件 \ 第 3 章 \3-1-2.dwg"，如图 3-4 所示。

步骤 02 单击【绘图】下拉按钮，单击【多点】命令按钮，如图 3-5 所示。

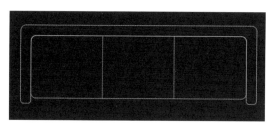

图 3-4　打开素材文件

图 3-5　单击【多点】命令按钮

> **技能拓展**
>
> 绘制点分为绘制单点和绘制多点。在 AutoCAD 2020 的【草图与注释】工作空间中，绘制单点的方法是输入点的快捷命令【PO】，按空格键确认执行即可完成绘制；绘制多点的方法是在【绘图】下拉菜单中单击【多点】命令按钮█。

步骤 03　在适当位置依次单击即可指定多个点，如图 3-6 所示。

步骤 04　继续单击指定点，将沙发绘制完整，完成后按空格键结束多点命令，最终效果如图 3-7 所示。

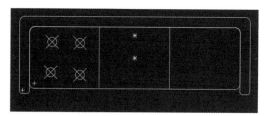

图 3-6　指定多个点

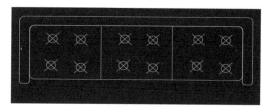

图 3-7　沙发绘制效果

> **温馨提示**
>
> 点通常作为绘图的参考标记。在图中标记一个点，就可以将该点作为参考标记，把图形对象放置在该点处。当不再需要标记点时，可以将其删除。另外，若要捕捉点，则需要在【对象捕捉】选项卡中勾选"节点"█。

3.1.3　绘制定数等分点

定数等分是将对象按指定的数目等分，该操作并不会将对象分为单独的对象，仅仅是标明定数等分的位置，以作为几何参考点。绘制定数等分点的具体操作步骤如下。

步骤 01　输入【直线】命令 L 绘制一条直线，输入【定数等分】命令 DIV，单击选择直线作为定数等分的对象，如图 3-8 所示。

步骤 02　输入等分的线段数目，如"5"，按空格键确认，等分点即会显示在直线上，如图 3-9 所示。

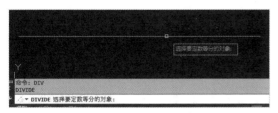

图 3-8　单击选择直线作为定数等分的对象

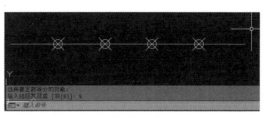

图 3-9　直线的定数等分效果

技能拓展

- 生成的等分点不会使图形断开，仅起到标记位置的作用。
- 输入的是等分数目，而不是点的个数。
- 每次只能对一个对象进行操作，不能对一组对象进行操作。

3.1.4　绘制定距等分点

定距等分是将对象按指定的长度等分。绘制定距等分点的具体操作步骤如下。

步骤 01　输入【直线】命令 L 绘制一条直线，输入【定距等分】命令 ME，单击选择直线作为定距等分的对象，如图 3-10 所示。

步骤 02　输入定距等分的线段长度，如"300"，按空格键确认，等分点即会显示在直线上，如图 3-11 所示。

图 3-10　单击选择直线作为定距等分的对象

图 3-11　直线的定距等分效果

技能拓展

使用【定数等分】命令是将目标对象按指定的数目平均分段，而使用【定距等分】命令是将目标对象按指定的距离分段。定距等分是先指定要创建的点与点之间的距离，再根据距离分割所选对象。定距等分后子线段的数量等于原线段长度除以等分距离后取整数；如果等分后有多余的线段，则为剩余线段。

课堂范例——等分圆并插入图块

步骤 01　绘制一个半径为 2000 的圆，执行【插入块】命令 I，插入"素材文件 / 第三章 / 植物 .dwg"，将图块拖曳到图形中，如图 3-12 所示。

步骤 02　输入【定数等分】命令 DIV，如图 3-13 所示。

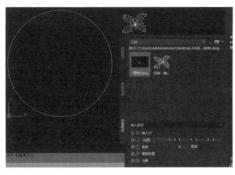

图 3-12　插入图块

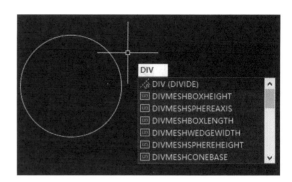

图 3-13　输入定数等分命令

步骤 03　单击选择圆作为定数等分的对象，在提示【输入线段数目或】时，输入子命令【块】B，按空格键确认，如图 3-14 所示。

步骤 04　在提示【输入要插入的块名】时，输入【植物】，按空格键确认，如图 3-15 所示。

图 3-14　输入子命令

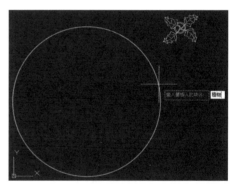

图 3-15　输入块名

步骤 05　根据提示按空格键确认默认选项 Y，在提示【输入线段数目】时，输入 "6"，按空格键确认，图块【植物】即会按要求等分圆，删除首次插入的图块，效果如图 3-16 所示。

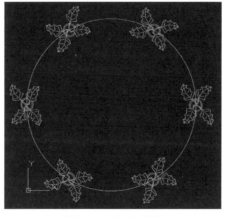

图 3-16　最终效果

在出现【是否对齐块和对象】的提示后，如果输入 Y，表示插入图块的 X 轴方向与定数等分对象在等分点
相切或对齐；如果输入 N，表示按法线方向对齐图块。

3.2　绘制线

在使用 AutoCAD 绘制图形时，线是必须掌握的最基本的绘图元素之一。线是由点构成的，
根据点的运动方向，线又分为直线和曲线。本节主要讲解在 AutoCAD 2020 中各类线的绘制方法。

3.2.1　绘制直线

直线在 AutoCAD 中是指有起点和终点的直线段。一条直线绘制完成后，可以继续以该直线的
终点为起点，绘制下一条直线。绘制直线的具体操作步骤如下。

步骤 01　输入【直线】命令 L，单击指定第一个点，向上移动十字光标，按【F8】键打开正
交模式，在绘图区域中单击指定直线下一点，如图 3-17 所示。

步骤 02　向右移动十字光标，输入至下一点的距离，如"150"，如图 3-18 所示。

步骤 03　向下移动十字光标并单击鼠标左键指定点，按空格键结束直线命令，效果如图 3-19
所示。

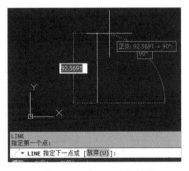

图 3-17　打开正交模式

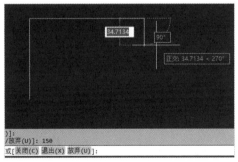

图 3-18　输入至下一点的距离

图 3-19　结束直线命令

【直线】的快捷命令是 L。结束【直线】命令后，在没有进行任何其他操作的前提下，按空格键直接激活
【直线】命令，可以继续绘制直线。如果绘图区域中的线条太多不好区分，可以设置直线的特性，包括颜色、线
型和线宽等。

3.2.2　绘制构造线

在 AutoCAD 中，构造线是两端可以无限延伸的直线。在实际绘图时，构造线常用于为其他对

象提供参照。绘制构造线的具体操作步骤如下。

步骤 01　输入【构造线】命令 XL，按【F8】键打开正交模式，在绘图区域中单击指定点，再单击指定通过点，如图 3-20 所示。

步骤 02　按空格键重复构造线命令，指定一点后向上移动十字光标指定通过点，按空格键结束构造线命令，如图 3-21 所示。

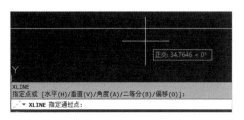
图 3-20　单击指定构造线的通过点

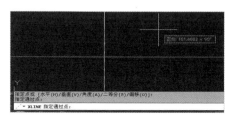
图 3-21　绘制竖直构造线

> 温馨提示
>
> 【构造线】的快捷命令是 XL，构造线没有端点，是真正意义上的直线。和其他对象一样，构造线也可以移动、旋转和复制。

3.2.3　绘制多段线

多段线是 AutoCAD 中可绘制出的类型最多、可相互连接的序列线段，是由可变宽度的直线段和圆弧段相互连接而构成的复杂图形对象。多段线可直可曲、可宽可窄，因此在绘制多段轮廓线时很有用。绘制多段线的具体操作步骤如下。

步骤 01　输入【多段线】命令 PL，在绘图区域中单击指定起点，输入至下一点的距离，如"200"，按空格键确认，如图 3-22 所示。

步骤 02　输入并执行子命令【圆弧】A，输入至圆弧另一个端点的距离，如"100"，按空格键确认，如图 3-23 所示。

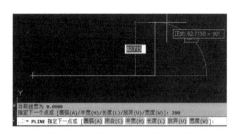
图 3-22　输入至下一点的距离

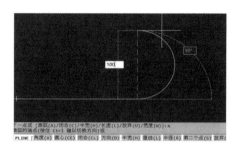
图 3-23　输入至圆弧另一个端点的距离

步骤 03　输入并执行子命令【直线】L，指定下一点，如"100"，输入并执行子命令【闭合】C，如图 3-24 所示。

步骤 04　按空格键确认，图形自动闭合，如图 3-25 所示。

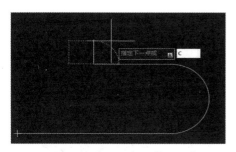

图 3-24　执行子命令【闭合】

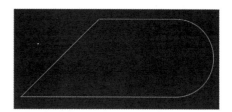

图 3-25　图形自动闭合

3.2.4　绘制多线

　　多线由两条及以上平行线组成，这些平行线被称为元素。绘制多线时，可以使用程序默认包含两个元素的【STANDARD】样式，也可以加载已有的样式，还可以新建多线样式，以控制元素的数量和特性。绘制多线的具体操作步骤如下。

　　步骤 01　执行【多线】命令 ML，在绘图区域中单击指定起点，向右移动十字光标，如图 3-26 所示。

　　步骤 02　单击指定第二点，按空格键结束多线命令，如图 3-27 所示。

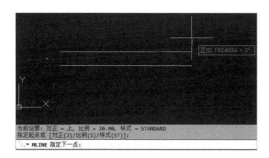

图 3-26　向右移动十字光标

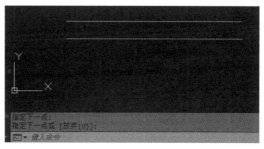

图 3-27　指定第二点并结束多线命令

　　步骤 03　按空格键重复多线命令，输入子命令【比例】S，按空格键，输入多线比例，如"240"，按空格键确认，如图 3-28 所示。

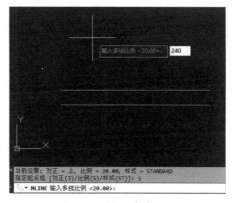

图 3-28　输入多线比例

步骤 04 单击指定起点，向上移动十字光标，输入至下一点的距离，如"500"，如图 3-29 所示。

步骤 05 按空格键结束多线命令，如图 3-30 所示。

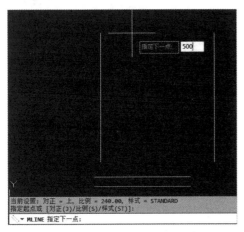

图 3-29 输入至下一点的距离

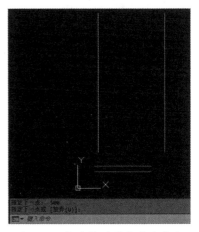

图 3-30 按空格键结束多线命令

温馨提示

多线与直线的绘制方法相似，不同的是多线是由两条及以上的平行线组成。多线是一个完整的整体，不能对其进行偏移、倒角等编辑，使用【分解】命令将其分解成多条直线后，才能进行相应的编辑。

3.2.5 绘制样条曲线

样条曲线是由一系列点构成的平滑曲线，选中样条曲线后，曲线周围会显示控制点，可以根据需要，通过调整曲线上的起点、控制点来调整曲线的形状。绘制样条曲线的具体操作步骤如下。

步骤 01 执行【样条曲线】命令 SPL，在绘图区域中单击指定第一个点，如图 3-31 所示。

步骤 02 单击指定第二个点并移动十字光标，如图 3-32 所示。

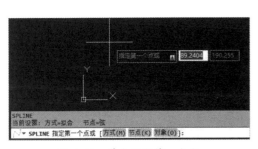

图 3-31 单击指定第一个点

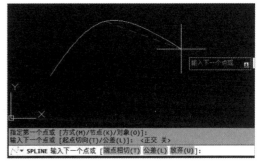

图 3-32 单击指定第二个点

步骤 03　单击指定第三个点为终点，按空格键结束命令，如图 3-33 所示。

步骤 04　选择样条曲线，单击出现的倒三角形图标▼，此时此点为【拟合】，将其更改为【控制点】，如图 3-34 所示。

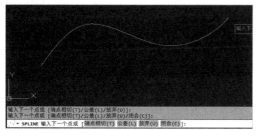

图 3-33　单击指定第三个点

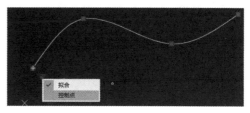

图 3-34　更改为【控制点】

步骤 05　单击一个控制点并向上拖曳，如图 3-35 所示。

步骤 06　至适当位置时单击指定顶点的新位置，如图 3-36 所示。

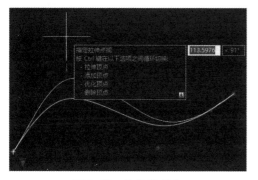

图 3-35　拖曳控制点

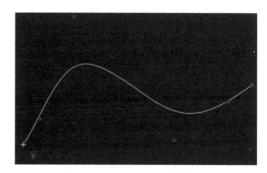

图 3-36　指定顶点的新位置

技能拓展

在现实设计中，除了需要圆、圆弧、椭圆、抛物线、双曲线等机械曲线，还需要有机曲线，即非均匀有理 B 样条曲线（NURBS），在 AutoCAD 中是用【样条曲线】命令来绘制有机曲线的。控制样条曲线有拟合点与控制点两种方式：样条曲线必须经过夹点的方式为拟合点；样条曲线不一定经过夹点的方式为控制点。

课堂范例——绘制跑道及指示符

步骤 01　输入并执行【多段线】命令 PL，在绘图区域中单击指定起点，输入下一个点"2000"并确认，如图 3-37 所示。

步骤 02　按空格键确认，输入子命令【圆弧】A，输入圆弧端点"1500"，按空格键确认，如图 3-38 所示。

图 3-37 输入并执行【多段线】命令

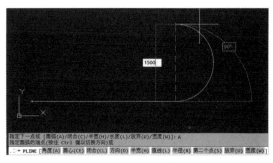

图 3-38 执行子命令【圆弧】A

步骤 03 输入子命令【直线】L，按空格键确认，输入下一点"2000"，如图 3-39 所示。

步骤 04 按空格键确认，输入子命令【圆弧】A，按空格键确认，如图 3-40 所示。

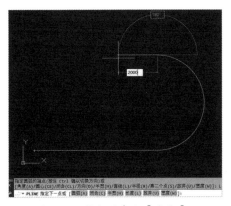

图 3-39 执行子命令【直线】L

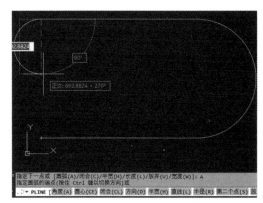

图 3-40 执行子命令【圆弧】A

步骤 05 输入子命令【闭合】CL，按空格键确认，闭合图形，如图 3-41 所示。

步骤 06 输入并执行【多段线】命令 PL，在绘图区域中单击指定起点，单击指定下一点，输入子命令【圆弧】A，输入圆弧端点"1000"，如图 3-42 所示，按空格键确认。

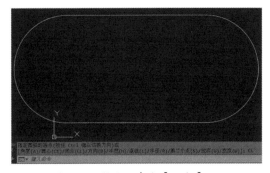

图 3-41 执行子命令【闭合】CL

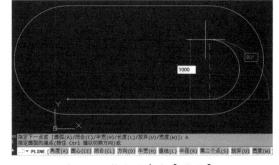

图 3-42 执行子命令【圆弧】A

步骤 07 输入子命令【直线】L，单击指定下一点；输入子命令【半宽】H，输入起点半宽，如"50"，如图 3-43 所示。

步骤 08 按空格键确认，输入终点半宽"0"，按空格键确认，单击指定下一点，确定指示符位置，按空格键退出多段线命令，效果如图 3-44 所示。

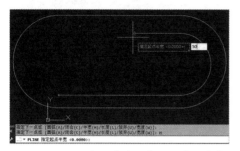
图 3-43　执行子命令【直线】L 和【半宽】H

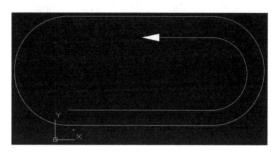
图 3-44　确定指示符位置并退出多段线命令

3.3　绘制封闭的图形

封闭的图形包括矩形、多边形、圆、椭圆等。在 AutoCAD 中，多边形是指正多边形；椭圆的大小由长轴和短轴决定，长轴和短轴长度相等时即为圆。

3.3.1　绘制矩形

使用【矩形】命令 RECTANG 可以绘制矩形，该命令中有多个选项，用于指定矩形的外观并定义尺寸，如指定厚度和宽度，还可以设置倒角、圆角、标高等参数，改变矩形的形状。绘制矩形的具体操作步骤如下。

步骤 01　输入【矩形】命令 REC，在绘图区域中单击指定第一个角点，如图 3-45 所示。

步骤 02　单击指定另一个角点，如图 3-46 所示。

图 3-45　单击指定第一个角点

图 3-46　单击指定另一个角点

步骤 03　按空格键重复矩形命令，单击指定第一个角点，输入子命令【尺寸】D，按空格键确认，如图 3-47 所示。

步骤 04　输入矩形的长度，如"300"，按空格键确认；输入矩形的宽度，如"100"，按空格键确认，单击确认矩形的位置，如图 3-48 所示。

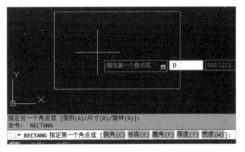

图 3-47　输入子命令【尺寸】D

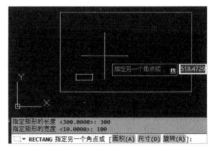

图 3-48　输入矩形尺寸

步骤 05　按空格键重复矩形命令，单击指定第一个角点，输入矩形尺寸，如"500,500"，如图 3-49 所示。

步骤 06　按空格键确认，长宽相等的矩形，即正方形绘制完成，如图 3-50 所示。

图 3-49　输入矩形尺寸

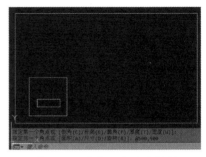

图 3-50　完成正方形的绘制

技能
拓展

在 AutoCAD 中，绘制矩形的方法很多，读者可以在绘制时选择适合自己的方法。在使用子命令【尺寸】D 绘制矩形时，一定要注意在输入所有尺寸并按空格键后，矩形的位置并没有固定，必须再次单击才能确定其位置。

在输入矩形的长和宽时，一定要注意中间的逗号应该是英文状态，如果输入中文逗号，程序不会执行命令。

3.3.2　绘制多边形

【多边形】命令用于绘制有多条边且各边长度相等的闭合图形，多边形的边数可在 3~1024 选取。使用【多边形】命令 POL 绘制正多边形时，可以通过边数和边长定义多边形，也可以通过圆和边数定义多边形，多边形可以内接于圆或外切于圆。绘制多边形的具体操作步骤如下。

步骤 01　执行【多边形】命令 POL，输入多边形的侧面数，如"3"，按空格键确认，如图 3-51 所示。

步骤 02　输入子命令【边】E 并按空格键确认，单击指定第一个端点，向右移动十字光标，按【F8】键打开正交模式，输入第二个端点，如"500"，按空格键确认，如图 3-52 所示。

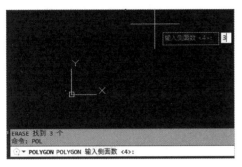

图 3-51　输入多边形的侧面数

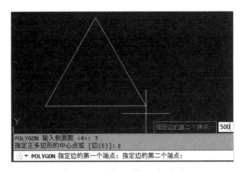

图 3-52　输入第二个端点

步骤 03　按空格键重复多边形命令，输入侧面数"5"，按空格键；单击指定多边形中心点，输入子命令【内接于圆】I，如图 3-53 所示。

步骤 04　按空格键确认，输入圆的半径，如"300"，按空格键确认，如图 3-54 所示。

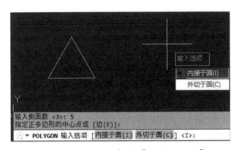

图 3-53　输入子命令【内接于圆】I

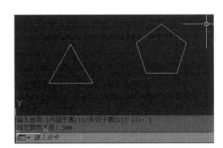

图 3-54　输入圆的半径

技能拓展

在 AutoCAD 中多边形最少由 3 条等长边组成，边数越多，形状越接近于圆。【中心点】选项分为【内接于圆】和【外切于圆】，内接于圆表示以指定正多边形外接圆半径的方式来绘制多边形；外切于圆表示以指定正多边形内切圆半径的方式来绘制多边形。【边】是通过指定多边形边的数量和长度确定正多边形。

使用【边】绘制正多边形，在指定边的两个端点 A 和 B 时，程序将从 A 至 B 以逆时针方向绘制正多边形。【内接于圆】为系统默认方式，即在指定正多边形的边数和中心点后，直接输入正多边形外接圆的半径，即可精确绘制正多边形。

3.3.3　绘制圆

圆是绘图中很常用的一种图形对象。在机械制图中，圆通常用于表示洞或车轮；在建筑制图中，圆通常用于表示门把手、垃圾篓或树木；而在电气和管道图纸中，圆可以表示各种符号。AutoCAD 为用户提供了 4 种绘制圆的方法，用户可以根据已知条件来选择绘制方法。绘制圆的具体操作步骤如下。

步骤 01　输入【圆】命令 C，在绘图区域中单击指定圆心，如图 3-55 所示。

步骤 02　输入圆的半径，如"100"，按空格键确认，完成圆的绘制，如图 3-56 所示。

图 3-55　单击指定圆心

图 3-56　输入圆的半径完成圆的绘制

技能拓展

在 AutoCAD 2020 中，除了用圆的半径或直径画圆，也可以用两点方式画圆，即指定直径的两个端点来确定圆的大小。还可以用三点方式画圆，指定的三点规定圆的外切三角形。已知圆与两线的切点和圆的半径，也可以画圆。

3.3.4　绘制椭圆

椭圆的大小是由长轴和短轴决定的，两轴相等时即为圆。使用【轴、端点】命令绘制椭圆是程序默认的方式。绘制椭圆时指定的前两个点确定第一条轴的位置和长度，第三个点确定椭圆圆心与第二条轴端点之间的距离。绘制椭圆的具体操作步骤如下。

步骤01 输入【椭圆】命令 EL，在绘图区域中单击指定椭圆的轴端点，如图 3-57 所示。

步骤02 移动十字光标，输入轴的另一个端点，如"500"，按空格键确认，如图 3-58 所示。

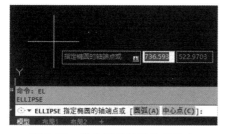

图 3-57　单击指定椭圆的轴端点

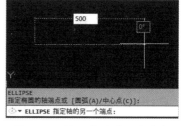

图 3-58　输入轴的另一个端点

步骤03 移动十字光标，输入另一条半轴长度，如"100"，如图 3-59 所示。按空格键确认，完成椭圆的绘制，效果如图 3-60 所示。

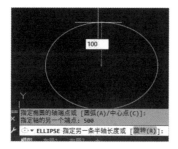

图 3-59　输入另一条半轴长度

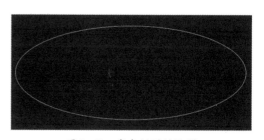

图 3-60　完成椭圆的绘制

在使用快捷命令绘制椭圆的过程中，用【轴、端点】命令绘制椭圆时，命令行中显示【指定轴的另一个端点】时定义的是此轴的全长，命令行中显示【指定另一条半轴长度】时定义的是此轴的半长。使用其他方法绘制椭圆时都是定义两轴的半长。

系统变量【PELLIPSE】决定椭圆的类型。当该变量为【0】（默认值）时，绘制的椭圆是由【NURBS】曲线表示的椭圆；当该变量为【1】时，绘制的椭圆是由多段线近似表示的椭圆。

课堂范例——绘制植物盆景

步骤01 输入【矩形】命令 REC，输入子命令【圆角】F，按空格键确认；输入圆角半径，如 "30"，按空格键确认，如图 3-61 所示。

步骤02 单击指定矩形第一个角点，输入矩形的尺寸，如 "@300,300"，按空格键确认，如图 3-62 所示。

图 3-61 输入圆角半径

图 3-62 输入矩形尺寸

步骤03 按空格键重复矩形命令，输入子命令【圆角】F，按空格键确认；输入圆角半径，如 "20"，按空格键确认，如图 3-63 所示。

步骤04 输入【自】命令 FROM，按空格键确认；单击指定矩形左下角的端点为基点，输入偏移值，如 "@-60,-50"，按空格键确认，如图 3-64 所示。

步骤05 输入矩形尺寸，如 "@360,50"，如图 3-65 所示。

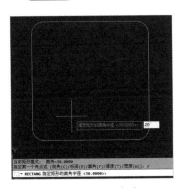

图 3-63 输入圆角半径

图 3-64 输入偏移值

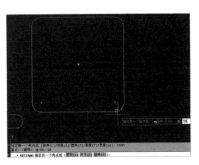

图 3-65 输入矩形尺寸

步骤 06　按空格键确认，花盆绘制完成，如图 3-66 所示。

步骤 07　输入【样条曲线】命令 SPL，在适当位置单击指定第一个点，如图 3-67 所示。

步骤 08　绘制叶子及脉络，效果如图 3-68 所示。

图 3-66　花盆绘制完成

图 3-67　指定第一个点

图 3-68　绘制叶子及脉络

步骤 09　使用【样条曲线】命令绘制其他叶子及脉络，如图 3-69 所示。

步骤 10　使用【样条曲线】命令绘制植物的茎，最终效果如图 3-70 所示。

图 3-69　绘制其他叶子及脉络

图 3-70　最终效果

3.4　绘制圆弧和圆环

AutoCAD 2020 中提供了多种绘制圆弧的方法，不仅可以以指定圆心、端点、起点、半径、角度、弦长和方向的各种组合的方式绘制圆弧，还可以用三点方式绘制圆弧。

3.4.1 绘制圆弧

圆弧是圆的一部分，也是最常用的基本图形元素之一。使用【圆弧】命令 ARC 可以绘制圆弧。绘制圆弧的具体操作步骤如下。

步骤 01 输入【圆弧】命令 A，在绘图区域中单击指定圆弧的起点，如图 3-71 所示。

步骤 02 单击指定圆弧的第二个点，如图 3-72 所示。

步骤 03 单击指定圆弧的端点，如图 3-73 所示。

图 3-71 单击指定圆弧的起点

图 3-72 单击指定圆弧的第二个点

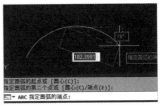

图 3-73 单击指定圆弧的端点

3.4.2 绘制椭圆弧

椭圆弧是椭圆的一部分。在绘制椭圆弧的过程中，指定了圆弧的起点角度后，将十字光标向左拖曳是绘制椭圆弧，将十字光标向右拖曳是抹掉椭圆弧。绘制椭圆弧的具体操作步骤如下。

步骤 01 输入【椭圆】命令 EL，输入子命令【圆弧】A，在绘图区域中单击指定椭圆弧的轴端点，如图 3-74 所示。

步骤 02 移动十字光标，输入轴的另一个端点，如"200"，按空格键确认，如图 3-75 所示。

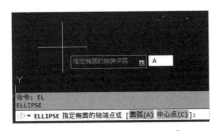

图 3-74 输入子命令【圆弧】A

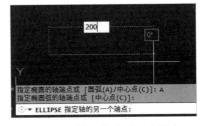

图 3-75 输入轴的另一个端点

步骤 03 向上移动十字光标，输入另一条半轴长度，如"300"，按空格键确认，如图 3-76 所示。

步骤 04 输入起点角度，如"100"，按空格键确认，如图 3-77 所示。

步骤 05 输入终点角度，如"180"，按空格键确认，如图 3-78 所示。

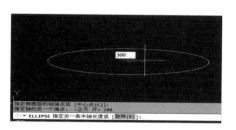

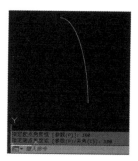

图 3-76　输入另一条半轴长度　　　　图 3-77　输入起点角度　　　图 3-78　输入终点角度

3.4.3　绘制圆环

使用【圆环】命令 DONUT 可以绘制圆环，具体操作步骤如下。

步骤 01　输入【圆环】命令 DO，输入圆环的内径，如 "0"，按空格键确认，如图 3-79 所示。

步骤 02　输入圆环的外径，如 "10"，按空格键确认，如图 3-80 所示。

步骤 03　单击指定圆环的中心点，按空格键结束圆环命令，如图 3-81 所示。

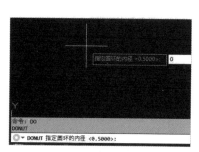

图 3-79　输入圆环的内径　　　图 3-80　输入圆环的外径　　图 3-81　单击指定圆环的中心点

步骤 04　按空格键重复圆环命令，输入圆环的内径，如 "5"，按空格键确认，输入圆环的外径，如 "10"，按空格键确认，如图 3-82 所示。

步骤 05　单击指定圆环的中心点，按空格键结束圆环命令，如图 3-83 所示。

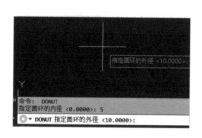

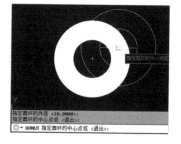

图 3-82　输入圆环的内外径　　　　　　图 3-83　指定圆环的中心点

步骤 06　按空格键激活圆环命令，输入圆环的内径，如 "10"，输入圆环的外径，如 "10"，按空格键确认，如图 3-84 所示。

步骤 07　单击指定圆环的中心点，按空格键结束圆环命令，如图 3-85 所示。

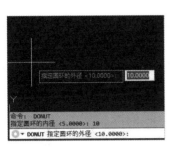

图 3-84　输入圆环的内外径

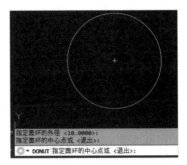

图 3-85　单击指定圆环的中心点

> **温馨提示**
> 圆环在工程制图中通常用于表示孔、接线片或基座等。圆环默认填充为实心，可用系统变量【FILL】设置是否填充。

课堂范例——绘制椅背

步骤 01　输入【圆弧】命令 A，按【F8】键打开正交模式，输入子命令 C，指定圆弧的圆心，输入圆弧的起点，如"100"，按空格键确认，如图 3-86 所示。

步骤 02　输入子命令 A，指定圆弧夹角，如"180"，按空格键确认，如图 3-87 所示。

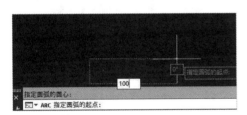

图 3-86　输入圆弧起点

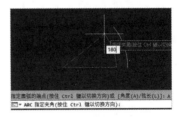

图 3-87　指定圆弧夹角

步骤 03　输入【偏移】命令 O，按空格键确认，输入偏移距离"15"，如图 3-88 所示。

步骤 04　选择圆弧并单击圆弧下方，效果如图 3-89 所示。

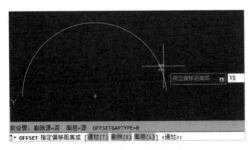

图 3-88　输入偏移距离

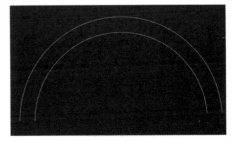

图 3-89　偏移效果

步骤 05　输入【多段线】命令 PL，单击指定外圆弧左端点为起点，向下移动十字光标，输入距离，如"100"，按空格键确认，如图 3-90 所示。

步骤 06 向右移动十字光标，输入距离，如"200"，按空格键确认，如图 3-91 所示。

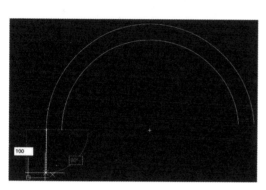

图 3-90　输入距离

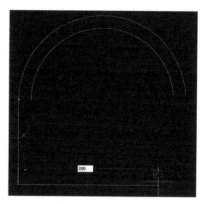

图 3-91　输入距离

步骤 07 向上移动十字光标，单击指定外圆弧右端点为终点，按空格键结束【多段线】命令，如图 3-92 所示。

步骤 08 输入【偏移】命令 O，按两次空格键，将多段线向内偏移，绘制的椅背效果如图 3-93 所示。

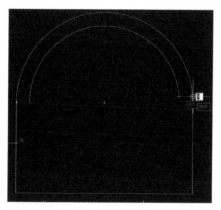

图 3-92　单击指定外圆弧右端点为终点

图 3-93　绘制的椅背

🧑 课堂问答

通过本章的讲解，读者可以掌握绘制点的方法、绘制线的方法、绘制封闭图形的方法、绘制圆弧和圆环的方法，下面列出一些常见的问题供学习参考。

问题 1：直线与多段线的区别是什么？

答：直线与多段线如图 3-94 所示，两者的区别如表 3-1 所示。

图 3-94　直线与多段线示意图

表 3-1　直线与多段线的区别

	直线	多段线
❶对象数量	多个直线段组成	一个整体对象
❷对象形状	只能是直线段	可以是直线段、圆弧或两者混合
❸对象宽度	没有宽度	可设置宽度

问题2：如何捕捉用画点系列命令绘制的点？

答：输入【DS】命令打开【捕捉设置】，勾选【节点】复选框即可捕捉绘制的点。

问题3：怎么用连续方式绘制圆弧？

答：只需要在激活命令后，指定圆弧的端点，即可用连续方式完成圆弧的绘制。若已存在圆弧，用【连续】命令可以自动把上一个圆弧的端点作为新圆弧的起点开始绘制。用连续方式绘制圆弧的具体操作步骤如下。

步骤01 输入【圆弧】命令 A，在绘图区域中绘制圆弧，如图 3-95 所示。

步骤02 单击【圆弧】下方的下拉按钮，单击【连续】命令，如图 3-96 所示。

步骤03 单击指定圆弧的端点，然后单击指定终点即可完成连续圆弧的绘制，如图 3-97 所示。

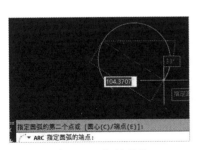

图 3-95　绘制圆弧

图 3-96　单击【连续】命令

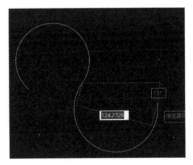

图 3-97　单击指定终点

温馨提示
在使用连续方式绘制圆弧时，在绘图区域中单击的最后一个点即是圆弧的起点，激活该命令后，直接单击指定圆弧的终点即可。

为了帮助读者巩固本章知识点，下面讲解两个综合案例，使读者对本章的知识有更深入的了解。

上机实战——绘制洗手池平面图

效果展示

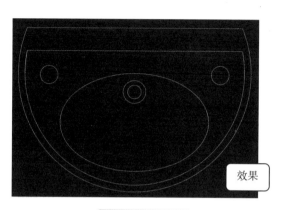

效果

思路分析

本例首先绘制直线，接下来绘制圆弧，然后使用【自】命令绘制直线，再以相同的圆心绘制圆弧，最后使用【椭圆】命令绘制洗手池的凹槽，使用【圆】命令完善洗手池的细节，得到最终效果。

制作步骤

步骤01 输入【直线】命令 L，单击指定起点并输入长度，如"480"，如图 3-98 所示，按空格键两次结束直线命令。

步骤02 输入【圆弧】命令 A，单击直线端点指定圆弧起点，输入子命令 E 并向右移动十字光标，单击指定圆弧端点，如图 3-99 所示。

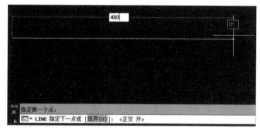

图 3-98　绘制直线

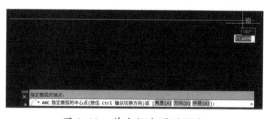

图 3-99　单击指定圆弧端点

步骤03 输入子命令 A，输入圆弧夹角，如"225"，按空格键确认，如图 3-100 所示。

步骤04 输入【直线】命令 L，输入【自】命令 FROM，按空格键确认。在直线左端点下方单击指定基点，如图 3-101 所示。

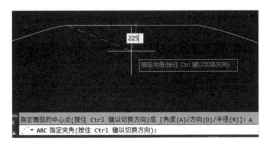

图 3-100　输入圆弧夹角

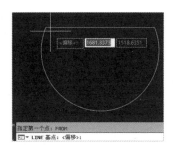

图 3-101　指定基点

步骤 05　输入偏移值，如 "@0,-50"，按空格键确认，向右移动十字光标，输入直线长度
"480"，如图 3-102 所示。

步骤 06　按空格键两次结束直线命令，输入【圆弧】命令 A，输入子命令 C，单击指定之前
绘制的圆弧圆心为新圆弧的圆心，如图 3-103 所示。

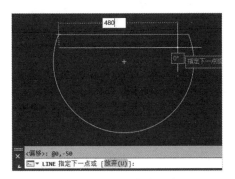

图 3-102　输入直线长度

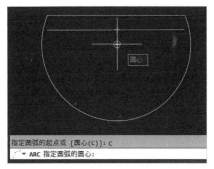

图 3-103　指定新圆弧的圆心

步骤 07　单击指定下方直线的左端点为圆弧的起点，单击指定该直线的右端点为圆弧的端
点，即可完成圆弧的绘制，如图 3-104 所示。

步骤 08　输入【椭圆】命令 EL，单击指定圆心为椭圆的轴端点，向下移动十字光标，输入
轴的另一个端点，如 "215"，按空格键确认，如图 3-105 所示。

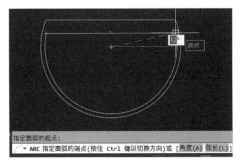

图 3-104　绘制圆弧

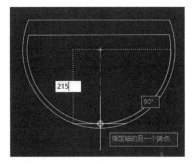

图 3-105　输入轴的另一个端点

步骤 09　向右移动十字光标，输入另一条半轴长度，如 "165"，按空格键确认，如图 3-106 所示。

步骤 10　输入【圆】命令 C，在椭圆中绘制半径为 15 的圆，如图 3-107 所示。

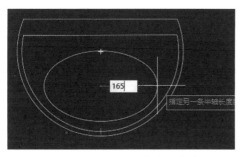

图 3-106　输入另一条半轴长度

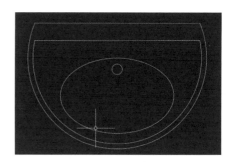

图 3-107　绘制圆

步骤 11 以相同圆心绘制半径为 25 的圆，如图 3-108 所示。

步骤 12 在适当位置绘制两个半径为 20 的圆，如图 3-109 所示。

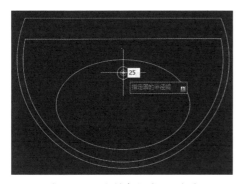

图 3-108　绘制半径为 25 的圆

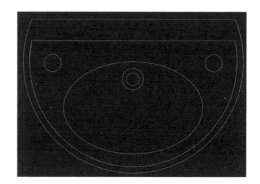

图 3-109　绘制两个半径为 20 的圆

同步训练——绘制密封圈俯视图

图解流程

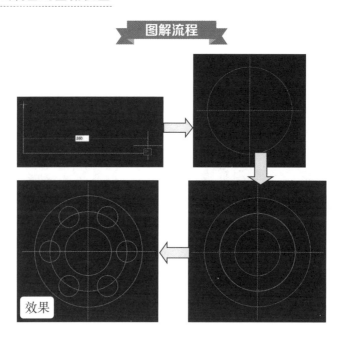

效果

思路分析

本例首先使用【直线】命令绘制水平直线和竖直直线，然后以交点为圆心绘制圆，最后通过【定数等分】命令等分绘制的圆，选择节点为圆心依次绘制圆，完成密封圈俯视图的绘制。

关键步骤

步骤 01 新建一个图形文件，输入【直线】命令 L，绘制一条长度为 260 的水平直线，如图 3-110 所示。

步骤 02 按空格键重复直线命令，绘制一条长度为 260 的竖直直线，如图 3-111 所示。

图 3-110　绘制水平直线

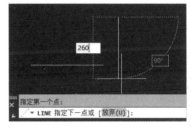

图 3-111　绘制竖直直线

步骤 03 输入【移动】命令 M，选择竖直直线，捕捉其中点为基点，如图 3-112 所示。

步骤 04 将竖直直线移动到水平直线的中点，如图 3-113 所示。

步骤 05 输入【圆】命令 C，绘制一个半径为 105 的圆，如图 3-114 所示。

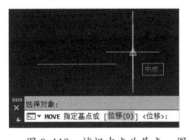

图 3-112　捕捉中点为基点

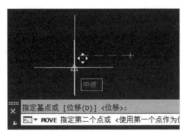

图 3-113　将竖直直线移动到水平直线中点

图 3-114　绘制圆

步骤 06 按空格键重复【圆】命令，绘制两个半径分别为45和75的同心圆，如图3-115所示。

步骤 07 输入【定数等分】命令DIV，单击选择要定数等分的对象，输入线段数目，如"6"，按空格键确认，如图 3-116 所示。

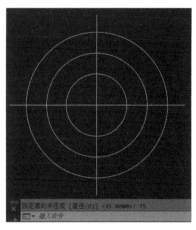

图 3-115　绘制同心圆

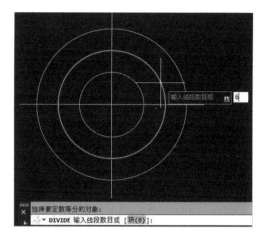

图 3-116　定数等分圆

步骤 08　输入【圆】命令 C，捕捉节点为圆心，绘制半径为 20 的圆，如图 3-117 所示。

步骤 09　使用同样的方法依次绘制其他 5 个圆，如图 3-118 所示。

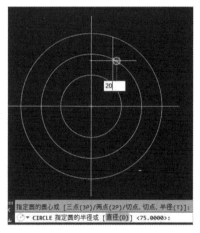

图 3-117　绘制半径为 20 的圆

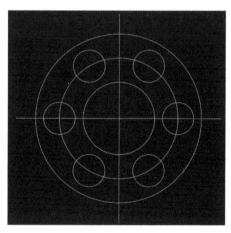

图 3-118　依次绘制其他 5 个圆

知识能力测试

一、填空题

1. 调出点样式对话框的快捷命令是 _____，定数等分的快捷命令是 _____，定距等分的快捷命令是 _____。

2. 样条曲线的快捷命令是 _____，多边形的快捷命令是 _____。

3. 如果要把一个矩形十等分，那么应插入 _____ 个点；如果要把一条直线十等分，那么应插入 _____ 个点。

二、选择题

1. 多线由（　　　）平行线组成，这些平行线被称为元素。

A. 2 条及以上　　　　　B. 1~16 条　　　　　C. 3~20 条　　　　　D. 2~16 条

2. 要捕捉定数等分的点，需勾选（　　　）。

A. 端点　　　　　　　　B. 交点　　　　　　　C. 节点　　　　　　　D. 外观交点

3. 用 POL 命令绘制的正六边形，包含（　　　）个图元 (实体)。

A. 1 个　　　　　　　　B. 6 个　　　　　　　C. 不确定　　　　　　D. 2 个

4. 以下对象中没有宽度的是（　　　）。

A. 多段线　　　　　　　B. 圆　　　　　　　　C. 矩形　　　　　　　D. 多边形

三、简答题

1. AutoCAD 中直线与多段线有什么区别？

2. 多段线和多线的特点是什么？分别适用于什么地方？

AutoCAD
2020

第4章
编辑二维图形

AutoCAD 中除了大量二维图形绘制命令，还有功能强大的二维图形编辑命令。通过编辑命令可以对图形进行修改，使图形更精确、直观。

学习目标

- 掌握改变对象位置的方法
- 掌握创建对象副本的方法
- 掌握改变对象尺寸的方法
- 掌握改变对象构造的方法

4.1 改变对象位置

本节主要讲解调整已绘制的对象的位置、角度等的命令，这些命令是对已有图形进行相关编辑的基础。

4.1.1 移动对象

移动对象是将一个对象从现在的位置调整到一个指定的新位置，对象的大小和方向不会发生改变。使用【移动】命令 MOVE 可以移动对象，移动时需要指定对象移动的方向和距离。移动对象的具体操作步骤如下。

步骤 01 打开"素材文件 \ 第 4 章 \4-1-1.dwg"，选择矩形楼梯扶手，如图 4-1 所示。

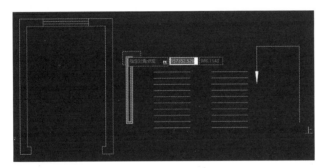

图 4-1 选择矩形楼梯扶手

步骤 02 输入【移动】命令 M，单击指定矩形楼梯扶手中点为移动基点，如图 4-2 所示。

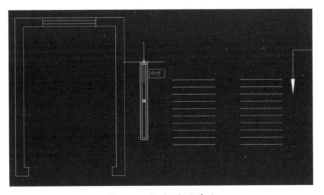

图 4-2 指定移动基点

技能
拓展
移动对象是将对象以指定的距离和方向重新定位，从而改变图形的实际位置；使用【实时平移】命令 PAN 移动图形，只能在视觉上调整图形的显示位置，不能使图形位置发生变化。

步骤 03 单击最内侧的窗户线的中点，将其指定为移动的第二点，如图 4-3 所示。

步骤 04 按空格键重复移动命令，选择楼梯扶手并确认；在空白处单击指定基点，向下移动十字光标，输入至第二个点的距离 "1000"，即楼梯转角处的宽度，按空格键结束移动命令，如图 4-4 所示。

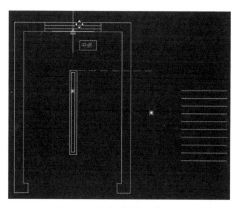

图 4-3 指定移动的第二点

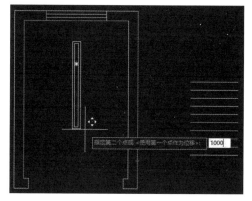

图 4-4 输入至第二个点的距离

步骤 05 按空格键重复移动命令，单击选择梯步，按空格键确认，单击指定右下角端点为移动的基点，如图 4-5 所示。

步骤 06 在楼梯扶手外框左下角端点处单击指定移动的第二点，如图 4-6 所示。

步骤 07 按空格键重复移动命令，用相同的方法将梯步移动至右侧适当位置，如图 4-7 所示。

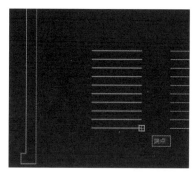

图 4-5 单击指定移动的基点

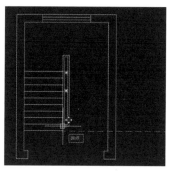

图 4-6 单击指定移动的第二点

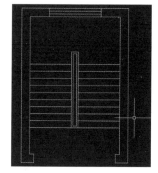

图 4-7 移动梯步

步骤 08 按空格键重复移动命令，选择指示箭头和文字，单击指定基点，单击指定梯步的中点为移动的第二点，如图 4-8 所示。

步骤 09 按空格键重复移动命令，选择两侧的梯步，在空白处单击指定基点，向上移动十字光标并输入至第二个点的距离 "200"，按空格键确认，如图 4-9 所示。最终效果如图 4-10 所示。

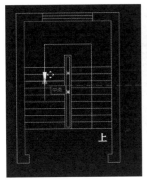
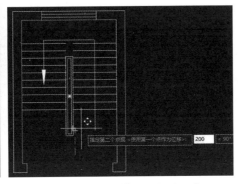

图 4-8 移动指示箭头和文字 　　　图 4-9 输入至第二个点的距离 　　　图 4-10 楼梯效果

技能拓展

在 AutoCAD 中，移动对象必须先指定基点，基点即移动的基准点；然后指定第二点，第二点是被移动对象即将到达的点。通过指定距离移动对象时一般会开启正交模式。基点和第二点决定了移动后对象的位置。

4.1.2 旋转对象

旋转对象就是将选定的对象围绕一个指定的基点改变角度，输入的旋转角度为正则按逆时针方向旋转，为负则按顺时针方向旋转。旋转对象的具体操作步骤如下。

步骤 01 打开"素材文件 \ 第 4 章 \4-1-2.dwg"，单击选择左侧的对象，输入【旋转】命令 RO，单击指定对象右下角点为旋转基点，如图 4-11 所示。

步骤 02 向上移动十字光标并单击，指定旋转角度为"90"，如图 4-12 所示。

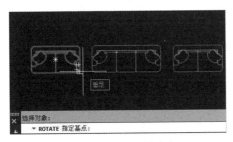
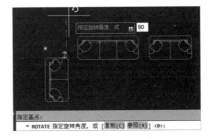

图 4-11 指定旋转基点 　　　　　　　　　图 4-12 指定旋转角度

步骤 03 按空格键重复旋转命令，单击选择对象并确认，单击指定旋转基点，输入旋转角度"270"，按空格键确认，如图 4-13 所示。

步骤 04 按空格键重复旋转命令，选择对象并确认，指定右侧沙发背的中点为旋转基点，输入旋转角度"180"，按空格键确认，如图 4-14 所示。

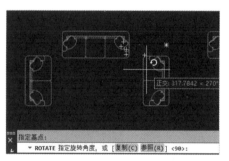

图 4-13　指定旋转基点和旋转角度

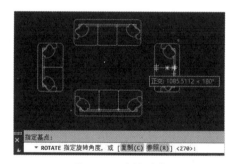

图 4-14　旋转对象

技能拓展

在 AutoCAD 中，旋转对象必须先指定基点，在打开正交模式的前提下，从基点位置向上或向下移动十字光标，被旋转对象会旋转 90 度或 270 度；从基点位置向左或向右移动十字光标，被旋转对象会旋转 0 度或 180 度。

4.1.3　对齐对象

使用【对齐】命令 ALIGN 可在二维或三维中将对象与其他对象对齐。要对齐某个对象，最多可以给对象添加三组源点和目标点。对齐对象的具体操作步骤如下。

步骤 01　打开"素材文件 \ 第 4 章 \4-1-3.dwg"，选择要对齐的对象，输入【对齐】命令 AL，单击指定第一个源点，如图 4-15 所示。

步骤 02　单击指定第一个目标点，按空格键确认，即可对齐对象，如图 4-16 所示。

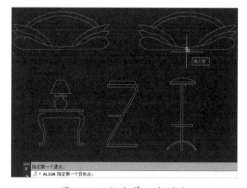

图 4-15　指定第一个源点

图 4-16　对齐对象

步骤 03　按空格键重复对齐命令，选择上面的沙发对象，单击指定第一个源点，如图 4-17 所示；然后单击指定第一个目标点，如图 4-18 所示。

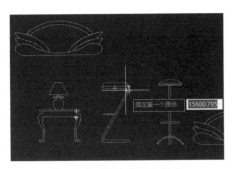

图 4-17 指定第一个源点

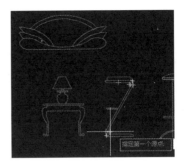

图 4-18 指定第一个目标点

步骤 04 单击指定第二个源点，如图4-19所示；然后单击指定第二个目标点，如图4-20所示。

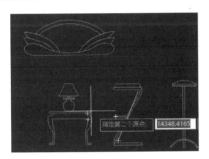

图 4-19 指定第二个源点

图 4-20 指定第二个目标点

> **温馨提示**
> 指定两组源点和目标点一般用于二维图形，指定三组源点和目标点一般用于三维图形。

步骤 05 按空格键确认操作，弹出【是否基于对齐点缩放对象？】提示信息，如图4-21所示。

步骤 06 输入【是】命令 Y 确认基于对齐点缩放对象，按空格键确认，对象即会按指定的点缩放并对齐，效果如图4-22所示。

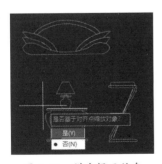

图 4-21 弹出提示信息

图 4-22 缩放效果

📖 课堂范例——绘制电阻加热器示意图

步骤 01 打开"素材文件\第4章\电阻加热器.dwg"，输入【移动】命令M，按空格键确认，单击选择要移动的对象，如图4-23所示。

步骤 02 按空格键确认，单击指定几何中心为移动基点，如图 4-24 所示。

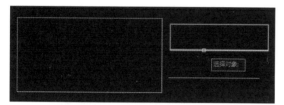

图 4-23 选择要移动的对象

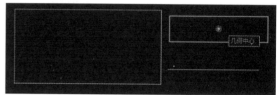

图 4-24 指定移动基点

步骤 03 单击指定大矩形的几何中心为移动的第二点，完成对象的移动，如图 4-25 所示。

步骤 04 按空格键重复移动命令，单击直线对象，按空格键确认，单击指定右侧端点为对象的移动基点，如图 4-26 所示。

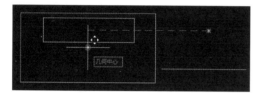

图 4-25 指定移动的第二点

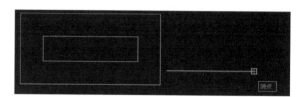

图 4-26 指定移动基点

步骤 05 单击指定移动的第二点，如图 4-27 所示，即可完成对象的移动，如图 4-28 所示。

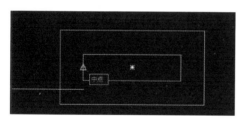

图 4-27 指定移动的第二点

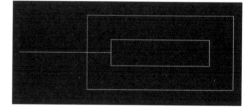

图 4-28 完成对象的移动

4.2 创建对象副本

当需要在图形中绘制两个或多个相同对象时，可以先绘制一个源对象，再通过源对象创建副本。

4.2.1 复制对象

复制是很常用的二维编辑命令，功能与移动命令相似，但复制操作不会删除原位置上的对象。复制对象的具体操作步骤如下。

步骤 01 绘制矩形和圆，输入【复制】命令 CO，单击选择要复制的对象，按空格键确认，单击指定基点，如图 4-29 所示。

步骤 02 向右移动十字光标，输入复制距离"500"，按空格键确认，如图 4-30 所示。

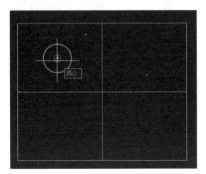

图 4-29 指定基点

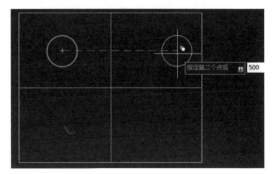

图 4-30 输入复制距离

步骤 03 单击指定下一个复制目标点，如图 4-31 所示。

步骤 04 拖曳鼠标追踪水平线和竖直线，单击指定下一个要复制到的位置，如图 4-32 所示，按空格键结束复制命令。

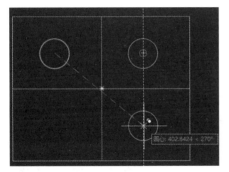

图 4-31 指定复制目标点

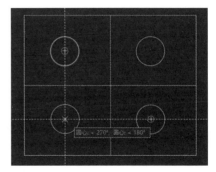

图 4-32 复制圆

温馨提示 在复制时注意所选对象的数量、指定对象的基点位置、各个对象的对象捕捉点，以及辅助工具的用法，就能灵活地运用复制命令做出想要的效果。激活复制命令并复制对象后，必须按【Enter】键或空格键结束复制命令，否则复制命令一直处于激活状态。

4.2.2 镜像对象

镜像对象就是沿指定轴翻转对象创建对称的镜像图形，是一种特殊的复制方法。镜像对创建对称图形非常有用，使用时要注意镜像线的运用。镜像对象的具体操作步骤如下。

步骤 01 打开"素材文件 \ 第 4 章 \4-2-2.dwg"，输入【镜像】命令 MI，单击选择椅子为要镜像的对象，按空格键确认，如图 4-33 所示。

步骤 02 单击指定镜像线的第一点，如图 4-34 所示。

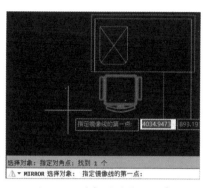

图 4-33　选择要镜像的对象

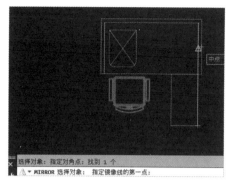

图 4-34　指定镜像线的第一点

步骤 03　单击指定镜像线的第二点，如图 4-35 所示，按空格键确认默认选项【N】，不删除源对象，完成所选对象的镜像复制。

步骤 04　按空格键重复镜像命令，单击选择上方的椅子为要镜像的对象，按空格键确认，单击指定桌子横向两个中点为镜像线的第一点与第二点，按空格键确认默认选项【N】，不删除源对象，完成对象的镜像复制，如图 4-36 所示。

步骤 05　按空格键重复镜像命令，框选所有对象为要镜像的对象，按空格键确认，单击指定镜像线的第一点与第二点，如图 4-37 所示，按空格键确认默认选项【N】，不删除源对象。

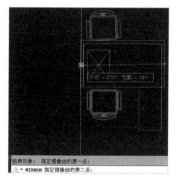

图 4-35　指定镜像线的第二点

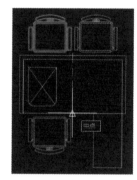

图 4-36　指定镜像线上的两点

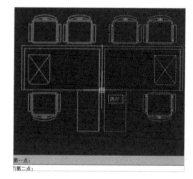

图 4-37　指定镜像线上的两点

温馨提示

【镜像】命令主要用于创建轴对称图形，镜像线即对称轴，镜像线决定新对象的位置。命令行显示【要删除源对象吗？】时，默认保留源对象，若此时输入【Y】并按空格键，源对象即会被删除，只保留镜像复制的对象。

4.2.3　阵列对象

【阵列】也是一种特殊的复制方法，此命令是在源对象的基础上，按照矩形、环形（极轴）、路径三种方式，以指定的距离、角度和路径复制出源对象的多个副本。

1. 矩形阵列

矩形阵列是按行距和列距生成多个相同副本的阵列方式。矩形阵列的操作步骤如下。

步骤 01 打开"素材文件\第 4 章\4-2-3.dwg",输入【阵列】命令 AR,选择源对象,如图 4-38 所示。

步骤 02 按空格键确认,程序默认为矩形阵列,输入【列数】为"5",【列数】下的【介于】为"1200",【行数】为"3",【行数】下的【介于】为"1200",如图 4-39 所示。

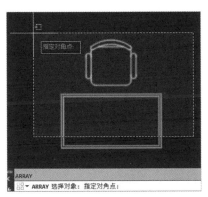

图 4-38 选择源对象

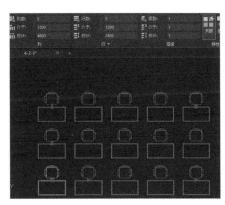

图 4-39 设置阵列参数

2. 极 轴 阵 列

【极轴阵列】命令是通过指定的角度,围绕指定的圆心复制所选对象来创建阵列。极轴阵列的操作步骤如下。

步骤 01 打开"素材文件\第 4 章\4-2-3.dwg",输入【阵列】命令 AR,选择源对象,输入子命令 PO,根据提示指定阵列的中心点,如图 4-40 所示。

步骤 02 按空格键确认,程序默认的极轴阵列效果如图 4-41 所示。

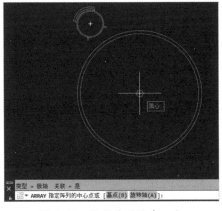

图 4-40 指定阵列的中心点

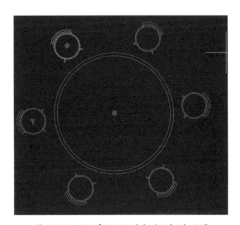

图 4-41 程序默认的极轴阵列效果

步骤 03　输入【项目数】为"12"，【行数】为"2"，【行数】下的【介于】为"600"，如图 4-42 所示。

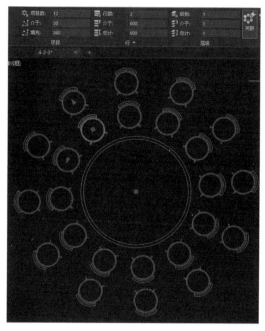

图 4-42　设置阵列参数

技能
拓展

　　在执行【矩形阵列】命令的过程中，可单击各蓝色夹点指定行和列的偏移距离。【路径阵列】是沿路径均匀创建对象副本，路径可以是直线、多段线、三维多段线、样条曲线、螺旋、圆弧、圆或椭圆等。

　　在使用【阵列】命令绘图时，要注意根据命令行的提示输入相应的命令；使用【矩形阵列】时要注意行列的坐标方向；使用【极轴阵列】时要注意源对象和中心点的关系；使用【路径阵列】时一定要分清基点、方向、对齐命令的不同效果。

4.2.4　偏移对象

　　偏移对象是指通过指定距离或指定点在选择对象的一侧生成新的对象。使用【偏移】命令可以等距离复制图形，如偏移直线；也可以放大或缩小图形，如偏移矩形。偏移对象的具体操作步骤如下。

步骤 01　打开"素材文件\第 4 章\4-2-4.dwg"，输入【偏移】命令 O，输入偏移距离"20"，按空格键确认，单击选择要偏移的对象，如图 4-43 所示。

步骤 02　指定要偏移的一侧，在矩形内侧单击则向矩形内偏移复制，如图 4-44 所示。

图 4-43　选择要偏移的对象

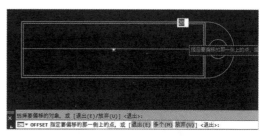

图 4-44　偏移对象

步骤 03　单击选择要偏移的对象，如图 4-45 所示，指定要偏移的一侧，如在直线下方单击，则向直线下方偏移复制。

步骤 04　单击选择要偏移的对象圆弧，向内侧单击指定要偏移的一侧，按空格键结束偏移命令，如图 4-46 所示。

图 4-45　选择要偏移的对象

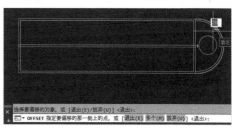

图 4-46　偏移对象

步骤 05　按空格键激活偏移命令，输入偏移距离"10"，按空格键确认，如图 4-47 所示。

步骤 06　单击选择圆，在要偏移的一侧单击，按空格键结束偏移命令，如图 4-48 所示。

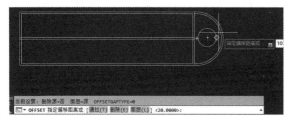

图 4-47　输入偏移距离

图 4-48　偏移对象

技能拓展

在执行偏移命令的过程中，【通过】选项用于指定偏移复制对象的通过点；【删除】选项用于将源对象删除；【图层】选项用于设置偏移后对象的所在图层。对样条曲线使用【偏移】命令时，偏移距离大于线条曲率时将自动进行修剪。

课堂范例——绘制时钟

步骤 01　打开"素材文件 \ 第 4 章 \ 时钟 .dwg"，输入【阵列】命令 AR，单击选择要阵列的源对象，输入子命令PO并按空格键确认，单击指定同心圆的圆心为极轴阵列中心点，如图4-49所示。

步骤 02 输入子命令【项目】I，输入阵列中的项目数"4"，按空格键确认，如图4-50所示。按空格键结束极轴阵列命令。

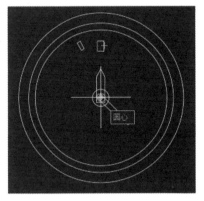

图 4-49　指定中心点

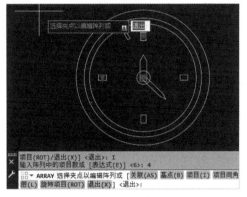

图 4-50　输入阵列中的项目数

步骤 03 按空格键重复极轴阵列命令，单击选择对象，按空格键确认，指定圆心为阵列的中心点，如图4-51所示。

步骤 04 单击箭头夹点向左侧拖曳，输入项目间的角度"30"，按空格键确认，如图4-52所示。

图 4-51　指定阵列的中心点

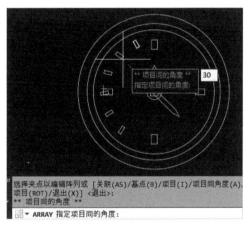

图 4-52　输入项目间的角度

步骤 05 单击最右侧的箭头夹点，输入项目数"2"，按空格键确认，如图4-53所示。

步骤 06 按空格键结束阵列命令，如图4-54所示。

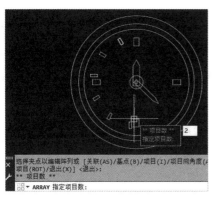

图 4-53　输入项目数

图 4-54　完成阵列

步骤 07　按空格键重复极轴阵列命令，单击两个小矩形作为极轴阵列对象，按空格键确认，指定圆心为阵列的中心点，如图4-55所示。使用相同的方法阵列两个矩形刻度，效果如图4-56所示。

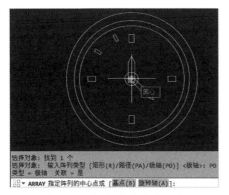

图 4-55　指定阵列的中心点

图 4-56　阵列对象

4.3　改变对象尺寸

改变对象尺寸可以通过一系列的命令实现，如拉伸、缩放、修剪、延伸等。

4.3.1　延伸对象

【延伸】命令 EXTEND 用于将指定的图形对象延伸到指定的边界，边界可以是直线、圆和圆弧、椭圆和椭圆弧、多段线、样条曲线、构造线、文本及射线等。延伸对象的具体操作步骤如下。

步骤 01　打开"素材文件 \ 第 4 章 \4-3-1.dwg"，输入【延伸】命令 EX，单击选择延伸的边界，按空格键确认，如图4-57所示。

步骤 02　从右至左框选要延伸的对象，如图4-58所示，按空格键结束延伸命令。

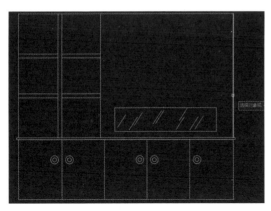

图 4-57　选择延伸的边界

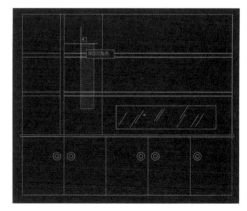

图 4-58　框选要延伸的对象

步骤 03　按空格键重复延伸命令，选择延伸的边界，按空格键确认，如图 4-59 所示。

步骤 04　从右至左框选所选边界内的所有对象进行延伸，如图 4-60 所示。

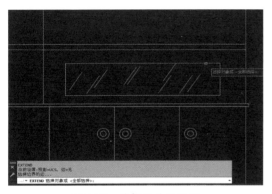

图 4-59　选择延伸的边界

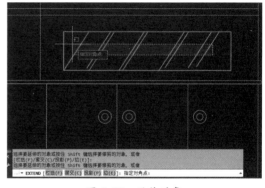

图 4-60　延伸对象

步骤 05　使用同样的方法继续延伸对象，如图 4-61 所示。

步骤 06　完成对象的延伸后按空格键结束延伸命令，如图 4-62 所示。

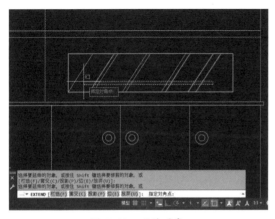

图 4-61　延伸对象

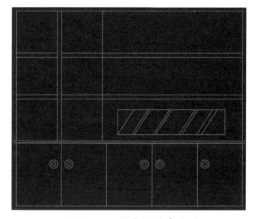

图 4-62　结束延伸命令

使用【延伸】命令时，必须先选择一个延伸的目标边界，然后选择要延伸的对象。需要注意的是，若源对象延长后与目标对象不相交，则不可延伸。输入【延伸】命令并确认后可以再次按空格键选择全部对象作为目标边界，但这种方法只适合图形比较简单的情况。

4.3.2 修剪对象

使用【修剪】命令 TRIM 可以通过指定边界对图形对象进行修剪。使用该命令可以修剪的对象包括直线、圆、圆弧、射线、样条曲线、面域、尺寸、文本及非封闭的多段线等对象。修剪对象的具体操作步骤如下。

步骤 01 绘制直线，输入【修剪】命令 TR，单击选择修剪界限边，按空格键确认，如图 4-63 所示。

步骤 02 单击选择要修剪的对象，按空格键结束修剪命令，如图 4-64 所示。

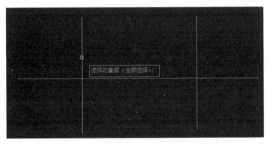

图 4-63 选择修剪界限边

图 4-64 选择要修剪的对象

步骤 03 按空格键重复修剪命令，按空格键确认执行默认选项【全部选择】，如图4-65 所示。

步骤 04 单击选择要修剪的对象，如图 4-66 所示，按空格键结束修剪命令。

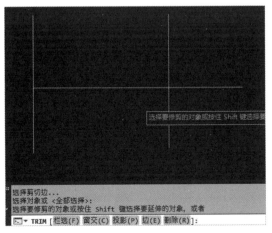

图 4-65 全部选择

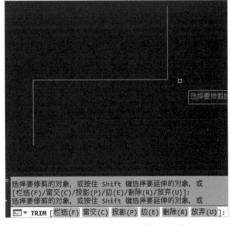

图 4-66 选择要修剪的对象

技能
拓展

【修剪】和【延伸】是一组相对的命令,【延伸】是将对象延伸至延长后相交的地方。【修剪】是以指定的对象为界将多余的部分修剪掉,只要有交点的线段都能被修剪。

按住【Shift】键,修剪命令下可进行延伸,延伸命令下可进行修剪。

4.3.3 缩放对象

【缩放】命令 SCALE 是将选定的对象按比例放大或缩小,比例因子不能取负值。与旋转对象一样,缩放对象也需要指定一个基点,这个点通常是该对象上的一个对象捕捉点。缩放对象的具体操作步骤如下。

步骤 01 打开"素材文件 \ 第 4 章 \4-3-3.dwg",输入【缩放】命令 SC,单击选择要缩放的对象,按空格键确认,如图 4-67 所示。

步骤 02 单击指定缩放基点,如图 4-68 所示。

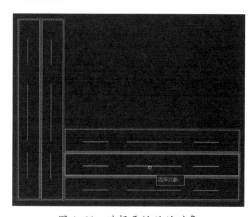

图 4-67 选择要缩放的对象

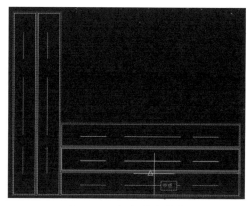

图 4-68 指定缩放基点

步骤 03 输入比例因子"0.5",按空格键确认,完成所选对象的缩放,如图 4-69 所示。

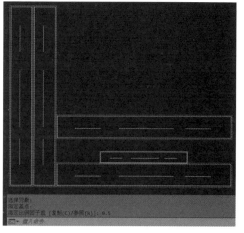

图 4-69 输入比例因子完成对象的缩放

温馨
提示

【缩放】可以按指定的比例因子或参照长度将对象等比放大或缩小,从而改变对象的尺寸,基点是缩放的基准点,在缩放对象时,基点不会移动。下次使用【缩放】时,最近使用的比例因子将成为其后缩放操作的默认比例因子。

技能拓展 使用【缩放】命令 SCALE 缩放图形将改变图形的实际大小，如半径为 5mm 的圆放大一倍之后，变成半径为 10mm 的圆；使用【缩放】命令 ZOOM 缩放图形只在视觉上放大或缩小图形，就像用放大镜看物体一样，不能改变图形的实际大小。

4.3.4 拉伸对象

使用【拉伸】命令 STRETCH 可以按指定的方向或角度拉长、缩短对象。圆、文本、图块等对象不能使用该命令进行拉伸。拉伸对象的具体操作步骤如下。

步骤 01 打开"素材文件 \ 第 4 章 \4-3-4.dwg"，输入【拉伸】命令 S，在需要拉伸的对象上从右至左指定对角点，按空格键确认，如图 4-70 所示。

步骤 02 在对象需要拉伸一侧的端点处单击指定拉伸基点，如图 4-71 所示。

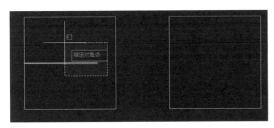

图 4-70 指定对角点

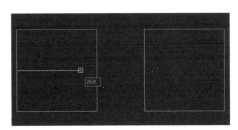

图 4-71 指定拉伸基点

步骤 03 移动十字光标，单击指定拉伸的第二点，如图 4-72 所示。

步骤 04 按空格键重复拉伸命令，从右至左框选需要拉伸的对象组，如图 4-73 所示。

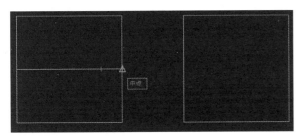

图 4-72 指定拉伸的第二点

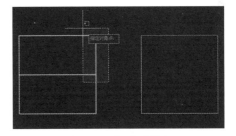

图 4-73 框选对象组

步骤 05 单击指定对象组的拉伸基点，如图 4-74 所示。单击指定拉伸的第二点，如图 4-75 所示。

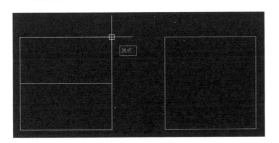

图 4-74 指定拉伸基点

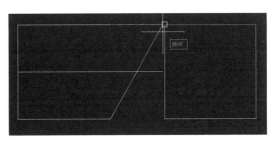

图 4-75 指定拉伸的第二点

步骤 06 按空格键重复拉伸命令，从右至左框选需要拉伸的对象，按空格键确认，如图 4-76 所示。

步骤 07 单击指定拉伸基点，移动十字光标，捕捉端点为拉伸的第二点，如图 4-77 所示。

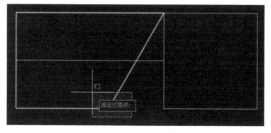
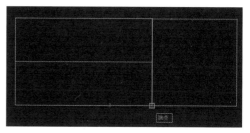

图 4-76 框选需要拉伸的对象　　　　　　　图 4-77 捕捉端点为拉伸的第二点

步骤 08 按空格键确认，完成对象的拉伸，如图 4-78 所示。

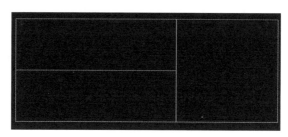

图 4-78 完成对象的拉伸

技能拓展

如果要拉伸一条直线，单击此直线只能移动直线；要拉长或缩短此直线，必须从右至左框选这条直线要拉伸方向的端点及部分线条，才能进行拉伸。同样，如果要拉伸一个对象的某部分，也必须从右至左框选需要拉伸的部分及这个部分的端点。

课堂范例——绘制空心砖

步骤 01 打开"素材文件 \ 第 4 章 \ 空心砖 .dwg"，输入【延伸】命令 EX，单击选择延伸边界，按空格键确认，如图 4-79 所示。

步骤 02 单击选择要延伸的对象，如图 4-80 所示。

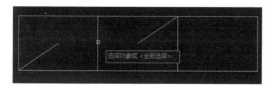

图 4-79 选择延伸边界　　　　　　　图 4-80 选择要延伸的对象

步骤 03　继续单击选择要延伸的对象，按空格键结束延伸命令，如图 4-81 所示。

步骤 04　使用直线命令绘制最右侧的线段，如图 4-82 所示。

图 4-81　选择要延伸的对象

图 4-82　绘制线段

4.4　改变对象构造

本节主要讲解改变对象构造的命令，包括改变对象形状、连接方式、组合方式等相关的命令。

4.4.1　圆角对象

使用【圆角】命令 FILLET 可以以确定半径的圆弧光滑地连接两条直线，即用圆弧来代替两条直线的夹角。圆角常用于机械制图。圆角对象的具体操作步骤如下。

步骤 01　打开"素材文件 \ 第 4 章 \4-4-1.dwg"，输入【圆角】命令 F，输入子命令【半径】R，输入圆角半径"50"，按空格键确认，如图 4-83 所示。

步骤 02　单击选择圆角的第一个对象，如图 4-84 所示。

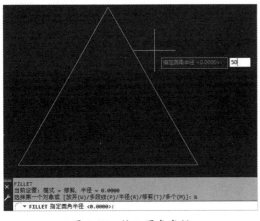

图 4-83　输入圆角半径

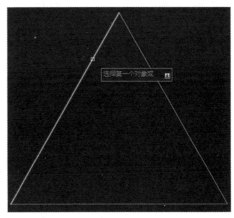

图 4-84　选择圆角的第一个对象

步骤 03　单击选择圆角的第二个对象，如图 4-85 所示，即可完成圆角操作。

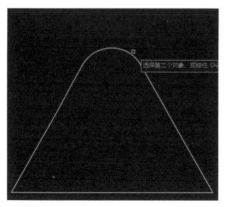

图 4-85　选择圆角的第二个对象

4.4.2　倒角对象

　　【倒角】命令 CHAMFER 用于在两个非平行的对象间创建有斜度的倒角，需要进行倒角的两个对象可以相交，也可以不相交，但不能平行。倒角对象的具体操作步骤如下。

　　步骤 01　打开"素材文件 \ 第 4 章 \4-4-2.dwg"，输入【倒角】命令 CHA，单击选择第一条要倒角的直线，如图 4-86 所示。单击选择第二条要倒角的直线，如图 4-87 所示。

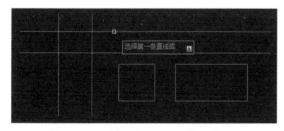
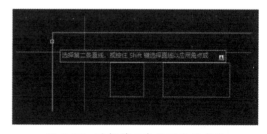

图 4-86　选择第一条要倒角的直线　　　　图 4-87　选择第二条要倒角的直线

　　步骤 02　按空格键重复倒角命令，单击选择要倒角的第一条和第二条直线，如图 4-88 所示。
　　步骤 03　按空格键重复倒角命令，输入子命令【距离】D，按空格键确认，如图 4-89 所示。

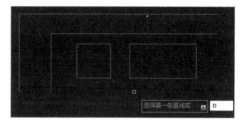

图 4-88　选择两条要倒角的直线　　　　图 4-89　输入子命令【距离】D

当【圆角】半径或【倒角】距离为0时，可以将两条直线延伸相交于一点（建立一个方角）。如果要以【倒角】命令建立斜边，则需要通过给出与倒角的线相关的两个距离，或一个距离和一个相对于第一条线的角度，来定义这条斜边。

步骤 04 输入第一个倒角距离"300"，按空格键确认；输入第二个倒角距离"300"，按空格键确认，如图 4-90 所示。

步骤 05 单击选择要倒角的第一条直线和第二条直线，如图 4-91 所示。

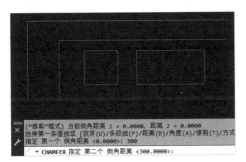

图 4-90　输入倒角距离

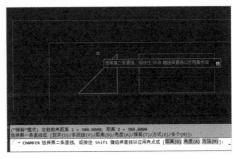

图 4-91　选择两条要倒角的直线

步骤 06 按空格键重复倒角命令，输入子命令【距离】D，分别输入倒角距离"100""500"，单击选择要倒角的第一条直线，单击选择要倒角的第二条直线，如图 4-92 所示。

步骤 07 完成指定对象的倒角，最终效果如图 4-93 所示。

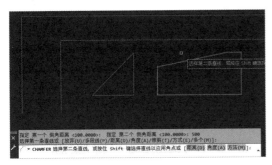

图 4-92　选择两条要倒角的直线

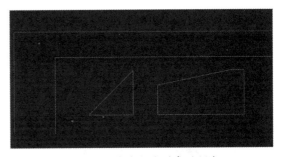

图 4-93　完成指定对象的倒角

在使用倒角命令时，倒角距离1和倒角距离2分别对应倒角时选择的第一条边与第二条边。

如果倒角的对象为矩形、正多边形或多段线，那么选择子命令【多段线】，将对每两条相邻的边进行倒角。

4.4.3　打断对象

【打断】命令 BREAK 就是指定两点或一点将线条断开。常用于剪断图形，但不删除对象。打断对象的具体操作步骤如下。

步骤 01 绘制矩形，输入【打断】命令 BR，单击选择对象，单击处即为打断的第一点，如图 4-94 所示。

步骤 02 移动十字光标至第二个打断点处，即可打断对象，如图 4-95 所示。

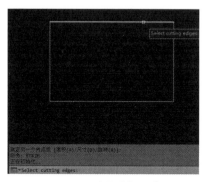

图 4-94　单击选择对象

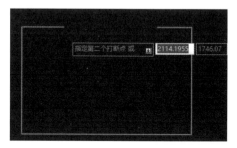

图 4-95　打断对象

打断命令可以打断直线、圆、圆弧、多段线、样条曲线、射线等对象。

4.4.4　分解对象

使用【分解】命令 EXPLODE 可以将多个组合实体分解为单独的图元对象。例如，使用【分解】命令可以将矩形、多边形等图形分解成多条线段，将图块分解为多个独立的对象等。分解对象的具体操作步骤如下。

步骤 01 打开"素材文件 \ 第 4 章 \4-4-4.dwg"，单击选择对象，输入【分解】命令 X，如图 4-96 所示。

步骤 02 即可分解所选对象，再次单击则会选择原对象的某部分，如图 4-97 所示。

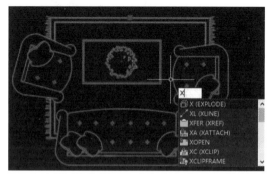

图 4-96　输入【分解】命令 X

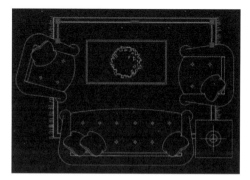

图 4-97　单击选择分解后的对象

> 温馨
> 提示
> 【分解】命令在实际绘图工作中主要用于将图块、填充图案和关联的尺寸标注从整体分解为单独的对象，
> 也可以把多段线、多线或多边形等分解为独立的、简单的直线或圆弧。被分解对象的颜色、线型和线宽可能会发
> 生改变，其他结果取决于所分解对象的属性。

4.4.5 合并对象

使用【合并】命令JOIN可以将相似的对象合并为一个完整的对象。可以合并的对象包括直线、多段线、圆弧、椭圆弧、样条曲线。要合并的对象必须是相似的对象，且位于相同的平面上。合并对象的具体操作步骤如下。

步骤 01 打开"素材文件 \ 第 4 章 \4-4-5.dwg"，输入【合并】命令 J，单击选择第一个要合并的对象，如图 4-98 所示。

步骤 02 单击选择第二个要合并的对象，如图 4-99 所示。按空格键确认，即可将所选的两条连接在一起的直线合并为一条直线。

图 4-98 选择第一个要合并的对象

图 4-99 选择第二个要合并的对象

步骤 03 按空格键激活合并命令，单击选择第一个要合并的对象，单击选择第二个要合并的对象，如图 4-100 所示。

步骤 04 按空格键确认，即可将两条不相连但位于同一平面的直线合并为一条直线，如图 4-101 所示。

图 4-100 选择要合并的对象

图 4-101 完成对象合并

步骤 05 按空格键激活合并命令，依次单击选择要合并的对象，如图 4-102 所示。

步骤 06 按空格键确认，所选的两条椭圆弧即会合并为一条椭圆弧，如图 4-103 所示。

图 4-102　选择要合并的对象　　　　　　　　　　图 4-103　完成对象的合并

技能拓展

使用【合并】命令合并的对象如果是两条直线，那么这两条直线必须在同一条水平线或同一条竖直线上，合并的对象如果是两条弧线，那么这两条弧线必须在同一条延伸线上。

课堂范例——绘制圆柱销平面图

步骤 01　新建一个图形文件，然后绘制一个 18×5 的矩形，如图 4-104 所示。

步骤 02　输入【倒角】命令 CHA，设置第一个倒角距离为 0.5，第二个倒角距离为 1.5，如图 4-105 所示。

图 4-104　绘制矩形　　　　　　　　　　　　图 4-105　设置倒角距离

步骤 03　对矩形的左上角进行倒角，按空格键确认，如图 4-106 所示。使用同样的方法对矩形的右上角进行倒角，如图 4-107 所示。

图 4-106　倒角对象　　　　　　　　　　　　图 4-107　倒角对象

步骤 04　输入并执行【直线】命令 L，单击指定直线起点和第二点，如图 4-108 所示，按空格键结束直线命令。

步骤 05　输入并执行【镜像】命令 MI，选择绘制的直线，捕捉上下水平线的中点为镜像线的第一点和第二点，如图4-109所示。按空格键执行默认的不删除源对象选项，完成所选对象的镜像。

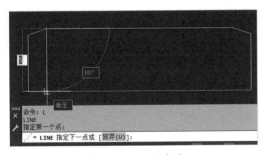

图 4-108　绘制直线

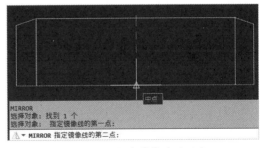

图 4-109　指定镜像线的两点

步骤 06 　使用同样的方法镜像图形，如图 4-110 所示。

步骤 07 　以矩形内左侧竖直线的中点为圆心，绘制半径为 1.5 的圆，如图 4-111 所示。

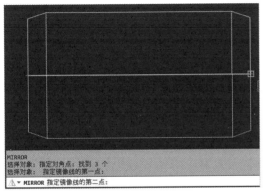

图 4-110　镜像图形

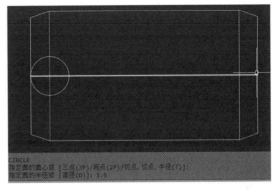

图 4-111　绘制圆

步骤 08 　输入并执行【移动】命令 M，按【F8】键打开正交模式，将圆向右移动 3，如图 4-112 所示。

步骤 09 　输入并执行【修剪】命令 TR，从右至左框选两个倒角矩形，按空格键确认，从右至左框选矩形中的水平直线，完成直线的修剪，如图 4-113 所示，按空格键结束修剪命令。

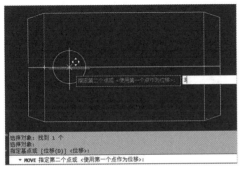

图 4-112　移动圆

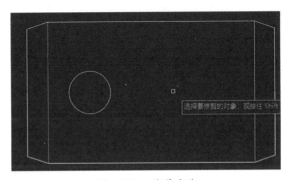

图 4-113　修剪直线

👤 课堂问答

通过本章的讲解，读者可以掌握改变对象位置、创建对象副本、改变对象尺寸、改变对象构造等方法，下面列出一些常见的问题供学习参考。

问题 1：如何使用夹点编辑图形？

答：AutoCAD 中的夹点并非只用于显示图形是否被选中，还可以基于夹点对图形进行拉伸、移动等操作，这些功能有时比编辑命令更加方便，具体操作步骤如下。

步骤 01 将十字光标放置在矩形的任意一个夹点上，程序将快速显示出该矩形的长度、宽度及快捷菜单，如图 4-114 所示。

步骤 02 将十字光标放置在直线的任意一个夹点上，程序将快速显示出该直线的长度、与水平方向的夹角及快捷菜单，如图 4-115 所示。

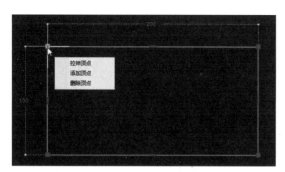
图 4-114　将十字光标放置在夹点上

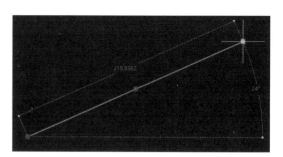
图 4-115　将十字光标放置在夹点上

步骤 03 单击夹点，提示【指定拉伸点或】，如图 4-116 所示。

步骤 04 移动十字光标进行拉伸，至适当位置时单击即可完成使用夹点拉伸图形的操作，如图 4-117 所示。

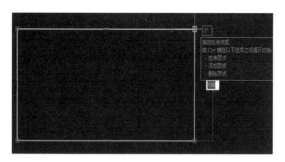
图 4-116　单击夹点

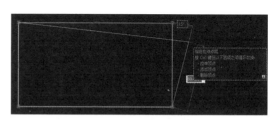
图 4-117　移动夹点

步骤 05 绘制图形，单击选择对象，单击夹点进入【拉伸】模式，输入子命令【复制】C，按空格键确认，如图 4-118 所示。

步骤 06 移动十字光标至适当位置时单击即可复制并拉伸对象，如图 4-119 所示。

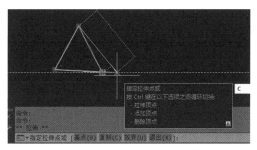

图 4-118 输入子命令【复制】C

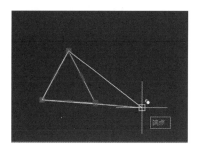

图 4-119 移动夹点

步骤 07 再次单击可继续复制，按空格键结束命令，如图 4-120 所示；按【Esc】键可退出夹点编辑模式。

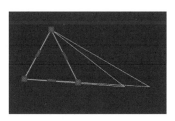

图 4-120 继续复制

温馨提示
对于只有一个夹点的图形，如文字、点、块参照等，单击夹点并拖曳只能进行移动操作。

步骤 08 绘制矩形，单击选择对象，单击夹点进入【拉伸】模式，按【Ctrl】键切换到添加顶点状态，如图 4-121 所示。

步骤 09 移动十字光标至适当位置时单击即可添加顶点，如图 4-122 所示。

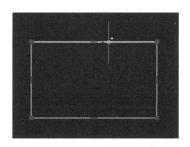

图 4-121 添加顶点状态

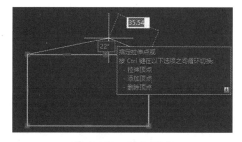

图 4-122 添加顶点

步骤 10 单击选择对象，单击夹点进入【拉伸】模式，按【Ctrl】键两次切换到删除顶点状态，如图 4-123 所示；单击即可删除选中的顶点，如图 4-124 所示。

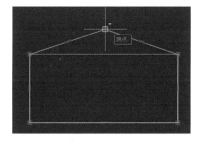

图 4-123 删除顶点状态

图 4-124 删除顶点

步骤 11　绘制椭圆，选择对象，单击夹点进入【拉伸】模式，按空格键一次进入【移动】模式，如图 4-125 所示。

步骤 12　移动十字光标至适当位置时单击即可指定移动点，如图 4-126 所示。

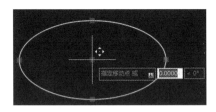
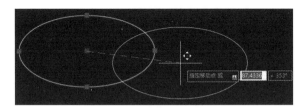

图 4-125　进入移动模式　　　　　　　图 4-126　指定移动点

步骤 13　绘制直线并选择对象，单击夹点进入【拉伸】模式，输入命令RO或按空格键两次，进入【旋转】模式，如图 4-127 所示；输入旋转角度"90"，按空格键确认，即可完成所选对象的旋转，如图 4-128 所示。

步骤 14　绘制圆并选择对象，单击夹点进入【拉伸】模式，按空格键三次进入【缩放】模式，输入比例因子"0.5"，如图 4-129 所示。

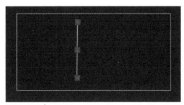

图 4-127　输入命令RO　　　　图 4-128　显示效果　　　　图 4-129　输入比例因子

步骤 15　按空格键确认，即可完成所选对象的缩放，如图 4-130 所示。

步骤 16　绘制圆并选择对象，单击夹点进入【拉伸】模式，按空格键四次进入【镜像】模式，移动十字光标指定镜像线的第二点，如图 4-131 所示；单击即可完成镜像，如图 4-132 所示。

图 4-130　显示效果

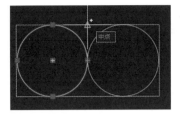
图 4-131　选择对象并指定镜像线

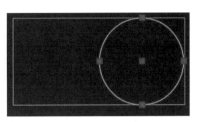
图 4-132　显示效果

问题 2：如何使用路径阵列？

答：路径阵列是沿路径或部分路径均匀分布对象副本，其路径可以是直线、多段线、三维多段线、样条曲线、螺旋、圆弧、圆或椭圆等。路径阵列的具体操作步骤如下。

步骤 01 　打开"素材文件\第 4 章\问题 2.dwg"，输入并执行【阵列】命令 AR，单击选择对象，如图 4-133 所示。输入子命令 PA 并按空格键确认，如图 4-134 所示。

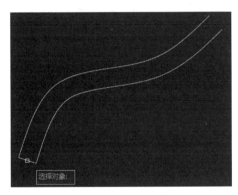
图 4-133　选择对象

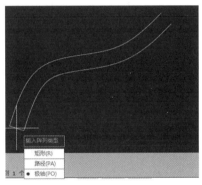
图 4-134　输入子命令

步骤 02 　单击选择路径曲线，按空格键确认，如图 4-135 所示。

步骤 03 　输入子命令【方法】M，按空格键确认，如图 4-136 所示。

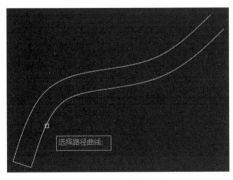
图 4-135　选择路径曲线

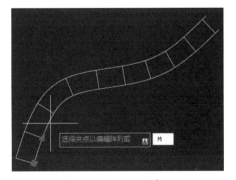
图 4-136　输入子命令

步骤 04 　输入路径方法【定数等分】D，按空格键确认，如图 4-137 所示。

步骤 05 　输入子命令【项目】I，按空格键确认，如图 4-138 所示。

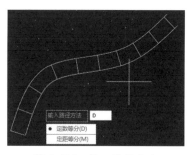

图 4-137　输入路径方法

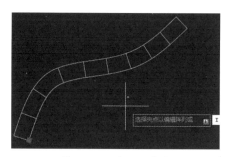

图 4-138　输入子命令

步骤 06　输入沿路径的项目数 "50"，如图 4-139 所示。

步骤 07　按空格键确认，再次按空格键结束路径阵列命令，如图 4-140 所示。

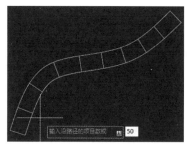

图 4-139　输入沿路径的项目数

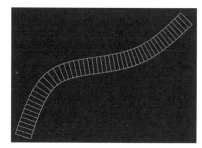

图 4-140　显示效果

为了帮助读者巩固本章知识点，下面讲解两个综合案例，使读者对本章的知识有更深入的了解。

上机实战——绘制坐便器

效果展示

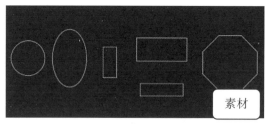

素材

效果

思路分析

本例通过椭圆和圆绘制容器桶，通过矩形绘制主水箱，通过常用二维编辑命令调整坐便器结构各衔接处的效果，完成坐便器平面图的绘制。

制作步骤

步骤01 打开"素材文件 \ 第 4 章 \ 上机实战 .dwg",单击选择圆,如图 4-141 所示。

步骤02 输入【移动】命令 M,按空格键确认,单击指定基点,单击指定第二点,将圆和椭圆的中点重合,效果如图 4-142 所示。

图 4-141　单击选择圆

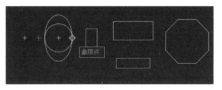

图 4-142　将圆和椭圆的中点重合

步骤03 输入【修剪】命令 TR,按空格键两次,单击要修剪的椭圆下部线条,如图 4-143 所示;单击要修剪的圆上部线条,按空格键,如图 4-144 所示。

步骤04 输入【偏移】命令 O,按空格键;输入偏移距离"50",按空格键,单击选择椭圆部分的线条,将十字光标向内移动并单击完成偏移复制,如图 4-145 所示。

图 4-143　修剪椭圆下部线条

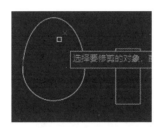

图 4-144　修剪圆上部线条

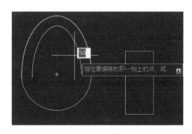

图 4-145　偏移复制线条

步骤05 单击选择圆部分的线条,将十字光标向内移动并单击完成偏移复制,按空格键结束偏移命令,如图 4-146 所示。

步骤06 输入【移动】命令 M,按空格键确认,单击矩形,按空格键确认,单击指定矩形下边的中点为基点,在圆下方的象限点处单击,指定为矩形移动的第二点,如图 4-147 所示。按空格键结束移动命令。

步骤07 按空格键重复移动命令,单击矩形,按空格键确认,单击指定基点,将十字光标向下移动至适当位置单击,如图 4-148 所示。

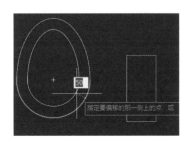

图 4-146　偏移复制线条

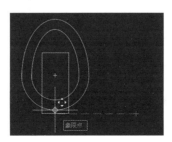

图 4-147　移动矩形

图 4-148　重复移动矩形

步骤 08 输入【修剪】命令 TR，按空格键确认；单击选择界限对象，按空格键确认，如图 4-149 所示。

步骤 09 单击需要修剪的矩形部分线条，按空格键结束修剪命令，如图 4-150 所示。

步骤 10 按空格键两次，单击需要修剪的圆部分线条，按空格键确认，如图 4-151 所示。

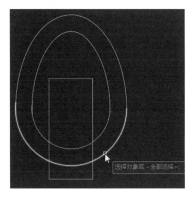
图 4-149 选择界限对象

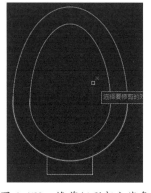
图 4-150 修剪矩形部分线条

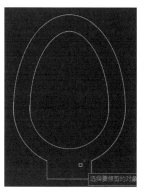
图 4-151 修剪圆部分线条

步骤 11 输入【移动】命令 M，按空格键；单击表示水箱外框的矩形，按空格键；单击指定表示水箱外框的矩形上边中点为基点，单击被修剪矩形的下边的中点，如图 4-152 所示。

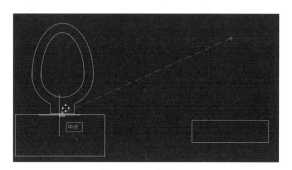
图 4-152 移动矩形

步骤 12 按空格键激活移动命令，单击八边形，按空格键确认；单击指定八边形下边中点为基点，单击水箱外框矩形上边中点，如图 4-153 所示。

图 4-153 移动八边形

步骤 13 按空格键重复移动命令，单击八边形，按空格键；指定八边形上边中点为基点，按【F8】键打开正交模式，捕捉椭圆上象限点为目标点，按空格键，如图4-154所示。

步骤 14 输入【修剪】命令 TR，按空格键；单击指定八边形为界限边，按空格键；单击水箱外框在八边形内的部分，按空格键，如图4-155所示。

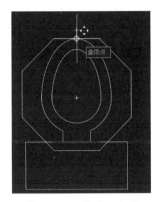
图 4-154 移动八边形

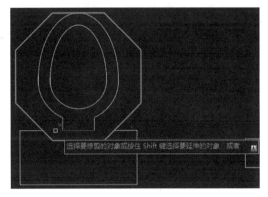
图 4-155 修剪对象

步骤 15 按空格键激活修剪命令，单击指定水箱外框为界限边，按空格键；单击要修剪的八边形部分，如图4-156所示，按空格键结束修剪命令。

步骤 16 输入【圆弧】命令 A 并按空格键确认，单击水箱外框右上角端点，单击指定圆弧中点，单击圆端点，如图4-157所示。

步骤 17 输入【镜像】命令 MI，按空格键确认，单击圆弧，按空格键确认，单击矩形水平线中点，将十字光标向上移动并单击，按空格键确认默认选项【否】保留源对象，如图4-158所示。

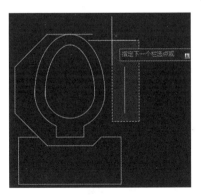
图 4-156 修剪对象

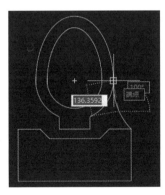
图 4-157 绘制圆弧

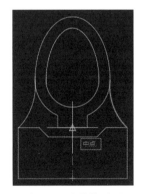
图 4-158 镜像圆弧

步骤 18 输入【移动】命令 M，按空格键；单击矩形，按空格键；单击矩形下边中点，单击水箱外框下边中点，按空格键激活移动命令，将矩形移动至适当位置，如图4-159所示。再将矩形向上移动30，如图4-160所示。

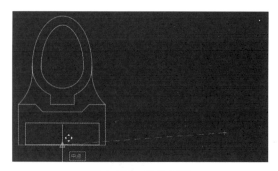

图 4-159　移动矩形

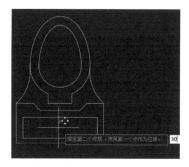

图 4-160　向上移动矩形

步骤 19　输入【圆角】命令 F，按空格键，输入子命令【半径】R，按空格键，输入半径 "50"，按空格键，单击圆角的第一条边，如图 4-161 所示。

步骤 20　单击圆角的第二条边。使用相同的方法为该对象设置其他圆角，如图 4-162 所示。

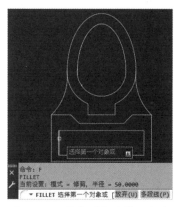

图 4-161　单击圆角的第一条边

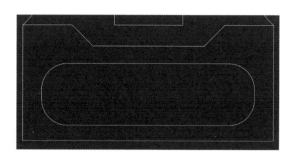

图 4-162　圆角效果

步骤 21　绘制一个圆，使用【镜像】命令镜像所绘制的圆，如图 4-163 所示。

步骤 22　使用【圆】命令和【直线】命令绘制坐便器的水漏，效果如图 4-164 所示。

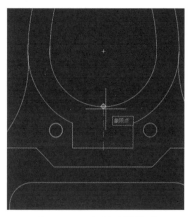

图 4-163　绘制并镜像圆

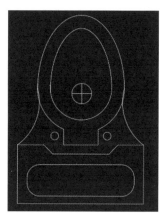

图 4-164　绘制坐便器的水漏

同步训练——绘制座椅

图解流程

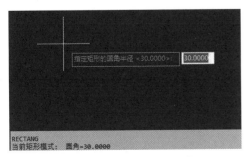

效果

思路分析

本例首先使用矩形命令绘制圆角矩形，然后通过夹点调整矩形的大小和形状，再绘制圆弧表示椅子靠背，最后绘制直线连接矩形和圆弧。

关键步骤

步骤01 新建一个图形文件，输入【矩形】命令 REC，按空格键确认；输入子命令【圆角】F，按空格键确认，输入矩形的圆角半径"30"，按空格键确认，如图 4-165 所示。

步骤02 单击指定矩形的第一个角点，输入"420,390"，按空格键确认，如图 4-166 所示。

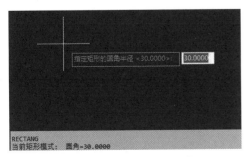

指定矩形的圆角半径 <30.0000>: 30.0000

RECTANG
当前矩形模式: 圆角=30.0000

图 4-165 输入矩形的圆角半径

图 4-166 绘制圆角矩形

步骤03 选择圆角矩形，出现夹点后，按住【Shift】键的同时依次选中圆角矩形左上角的 3 个夹点，如图 4-167 所示。

步骤 04　按【F8】键打开正交模式，单击选中的夹点中中间的夹点，然后将这些夹点向右拉伸 75，如图 4-168 所示。使用相同的方法将圆角矩形右上角的 3 个夹点向左拉伸 75。

步骤 05　输入【圆弧】命令 A，绘制一段表示椅背的圆弧（大小适当即可）。输入【偏移】命令 O，将圆弧向上偏移 30，如图 4-169 所示。

图 4-167　选中 3 个夹点

图 4-168　向右拉伸

图 4-169　偏移圆弧

步骤 06　绘制连接两段圆弧端点的直线，如图 4-170 所示。

步骤 07　输入【直线】命令 L，在圆角矩形与圆弧之间绘制直线，如图 4-171 所示。

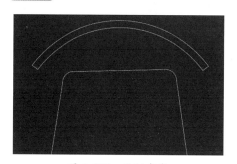
图 4-170　绘制直线

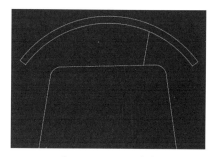
图 4-171　绘制直线

步骤 08　使用【直线】命令继续在已有直线附近绘制另一条直线，如图 4-172 所示。

步骤 09　选择两条直线，使用【镜像】命令 MI 镜像至左侧，完成椅子的绘制，如图 4-173 所示。

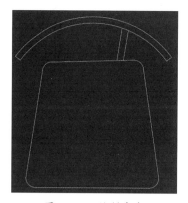
图 4-172　绘制直线

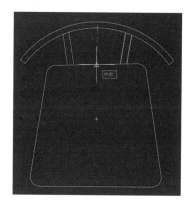
图 4-173　镜像直线

知识能力测试

一、填空题

1. 一组同心圆可由一个已画好的圆通过 _____ 命令来绘制。

2. 在延伸命令下按 _____ 键可修剪对象，反之在修剪命令下按该键可延伸对象。

3. 在 AutoCAD 2020 中，阵列命令也是一种特殊的复制方法，此命令是在源对象的基础上，按照 _____、_____、_____ 三种方式，以指定距离、角度和路径复制出源对象的多个副本。

二、选择题

1. 使用哪个命令可以绘制出所选对象的对称图形？（   ）

A. S   B. CO   C. LEN   D. MI

2. 改变图形实际位置的命令是（   ）。

A. Z   B. M   C. P   D. O

3. 打断命令用于将对象从某一点处断开，从而将其分成两个独立的对象，包括【打断】与（   ）两个子命令。

A. 断开   B. 分解   C. 合并   D. 打断于点

4. 下列对象执行【偏移】命令后，大小和形状保持不变的是（   ）。

A. 椭圆   B. 圆   C. 圆弧   D. 直线

三、简答题

1. 什么是夹点？夹点在编辑二维图形时的作用是什么？

2. 如何转换单线与多段线？

AutoCAD
2020

第5章
图层、图块和设计中心

　　在制图的过程中，将不同属性的图形建立在不同的图层上，可以方便地管理图形对象；也可以通过更改所在图层的属性，快速、准确地更改图形属性。通过创建块和插入块，可以避免重复绘制相同的对象，提高绘图效率。

学习目标

- 掌握创建与编辑图层的方法
- 掌握图层的辅助设置方法
- 掌握创建块的方法
- 掌握编辑块的方法
- 了解设计中心的使用方法

5.1 创建与编辑图层

图层相当于没有厚度的"透明图纸",在"透明图纸"上绘制不同的图形,然后将若干层"透明图纸"重叠起来,就可以构成最终的图形。每个图层都有一些属性,包括图层名、颜色、线型、线宽和打印样式。另外,还可以根据需要对图层进行打开、关闭、冻结、解冻、锁定或解锁等。下面介绍图层的创建与编辑。

5.1.1 打开图层特性管理器

【图层特性管理器】LAYER 是创建与编辑图层及图层特性的地方。【图层特性管理器】面板中,主要包括左侧图层树状区和右侧图层设置区。打开【图层特性管理器】的具体操作步骤如下。

步骤 01 输入并执行【图层】命令 LA,打开【图层特性管理器】面板,如图 5-1 所示。

步骤 02 单击【展开图层过滤器树】按钮 »,显示图层树状区和图层设置区,如图 5-2 所示。

图 5-1 打开【图层特性管理器】面板

图 5-2 展开图层过滤器树显示效果

5.1.2 创建新图层及命名

实际操作中可以为具有同一属性的多个对象创建和命名新图层,在一个文件中创建的图层数及每个图层中的对象数都没有限制。新建图层的具体操作步骤如下。

步骤 01 在【图层特性管理器】面板中单击【新建图层】按钮 ,即可自动新建一个名为【图层 1】的图层,如图 5-3 所示。

步骤 02 此时可以直接输入图层新名称,如图 5-4 所示。在空白处单击,当前新图层即命名成功。

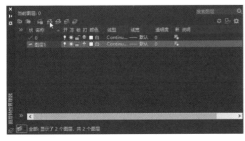

图 5-3 新建图层

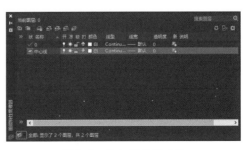

图 5-4 输入图层新名称

步骤 03　单击选中需要重命名的图层，再次单击图层名，激活图层名称栏，此时可以输入图层的新名称，在空白处单击即可完成图层重命名，如图 5-5 所示。

图 5-5　完成图层重命名

> **温馨提示**
>
> 图层名最少为 1 个字符，最多可达 255 个字符，可以是数字、字母或其他字符；图层名中不允许含有大于号、小于号、斜杠，以及标点等符号；为图层命名时，必须确保图层名的唯一性。默认图层只有【0】图层，其他图层数量和名称可根据绘图需要进行设置。

5.1.3　设置图层线条颜色

当一个图形文件中有多个图层时，为了快速识别某图层和方便后期的打印，可以为图层设置线条颜色。设置图层线条颜色的具体操作步骤如下。

步骤 01　在【图层特性管理器】面板中新建图层，单击需要设置线条颜色的图层的颜色框，打开【选择颜色】对话框，默认显示【索引颜色】选项卡，如图 5-6 所示。

步骤 02　单击【真彩色】选项卡，可调整色调、饱和度、亮度和颜色模式等，如图 5-7 所示。

步骤 03　单击【配色系统】选项卡，可使用第三方或自定义的配色系统，如图 5-8 所示。

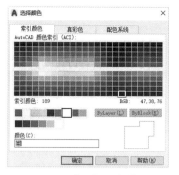 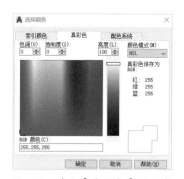 

图 5-6　打开【选择颜色】对话框　　图 5-7　单击【真彩色】选项卡　　图 5-8　单击【配色系统】选项卡

步骤 04　单击【索引颜色】选项卡，选择需要的颜色，如红色，单击【确定】按钮，图层的线条颜色即设置成功，如图 5-9 所示。

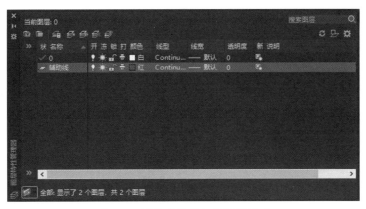

图 5-9 图层的线条颜色设置成功

5.1.4 设置图层线型

为图层设置线型最主要的作用是更直观地识别和分辨对象，并给对象编组，以方便前期绘图。设置图层线型的具体操作步骤如下。

步骤 01 在【图层特性管理器】面板中新建图层，单击需要设置的图层线型，如图 5-10 所示。弹出【选择线型】对话框，单击【加载】按钮，如图 5-11 所示。

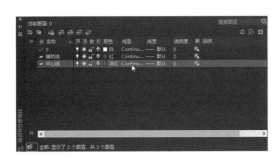

图 5-10 单击线型

图 5-11 单击【加载】按钮

步骤 02 弹出【加载或重载线型】对话框，如图 5-12 所示。单击选择所需线型，然后单击【确定】按钮，如图 5-13 所示。

图 5-12 【加载或重载线型】对话框

图 5-13 选择线型

步骤 03 单击选择已加载的线型，然后单击【确定】按钮，如图 5-14 所示。图层的线型即设置成功，如图 5-15 所示。

图 5-14 选择已加载的线型

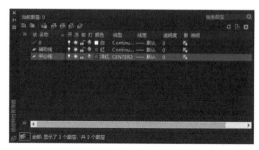

图 5-15 图层的线型设置成功

> **温馨提示**
>
> 在默认设置下，AutoCAD 仅提供一种线型【Continuous】，如果用户需要使用其他线型，必须进行加载。调用线型管理器的快捷命令是【LT】。

5.1.5 设置图层线宽

为图层设置线宽后绘制图形，并将所绘制的图形以黑白模式打印时，线宽会成为辨识图形对象的重要属性。设置图层线宽的具体操作步骤如下。

步骤 01 在【图层特性管理器】面板中新建图层，单击要设置的图层线宽，如图 5-16 所示。

步骤 02 弹出【线宽】对话框，选择需要的线宽，如"0.25mm"，单击【确定】按钮，如图 5-17 所示。

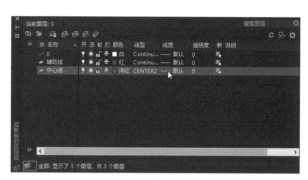

图 5-16 单击线宽

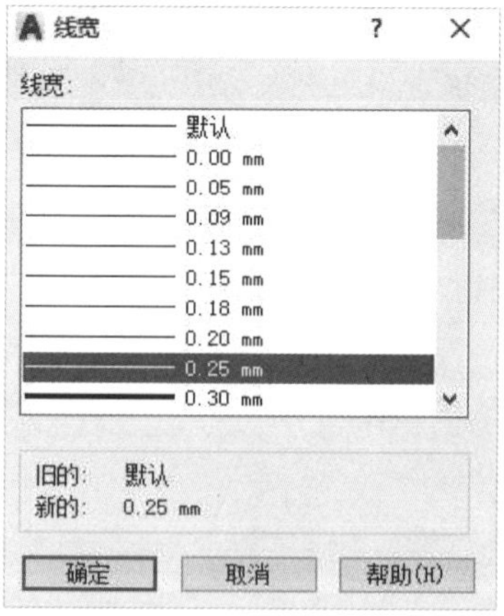

图 5-17 选择线宽

步骤 03 图层的线宽即设置成功，如图 5-18 所示。

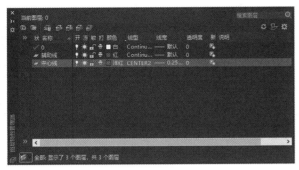

图 5-18 图层的线宽设置成功

课堂范例——转换图层

步骤 01 打开"素材文件 \ 第 5 章 \ 转换图层 .dwg",选择要转换图层的对象,单击【图层】下拉按钮,如图 5-19 所示。

步骤 02 选择要转换到的图层,如图 5-20 所示,图层列表中即会显示该对象转换后所在的图层。

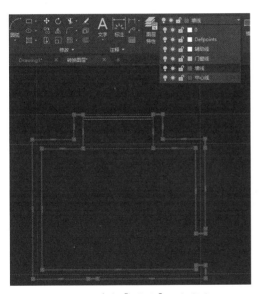

图 5-19 单击【图层】下拉按钮

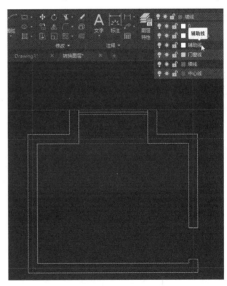

图 5-20 选择要转换到的图层

温馨提示

转换图层是指将一个图层中的图形对象转换到另一个图层中。例如,将墙线图层中的图形对象转换到门窗线图层中,墙线图层中图形对象的颜色、线型、线宽将转换为门窗线图层的属性。

5.2 图层的辅助设置

在绘图过程中，如果绘图区域中的图形过于复杂，就需要将暂时不用的图层关闭、锁定或冻结，以方便绘图操作。

5.2.1 冻结和解冻图层

在绘图过程中，可以对图层进行冻结，减少当前屏幕上的显示内容；另外，冻结图层可以减少绘图过程中系统生成图形的时间，从而提高绘图的速度，因此在绘制复杂图形时冻结图层非常重要。被冻结的图层上的对象不能显示，也不能被选择、编辑、修改、打印。默认情况下，所有图层都处于解冻状态，按钮显示为 ☼，当图层被冻结时，按钮显示为 ❄。冻结与解冻图层的具体操作步骤如下。

步骤 01 打开【图层特性管理器】，单击需要冻结的图层的【冻结】按钮 ☼，图层即会被冻结，如图 5-21 所示。

步骤 02 单击【图层】下拉按钮，展开当前文件中的图层列表，如图 5-22 所示。

步骤 03 再次单击被冻结图层的【冻结】按钮 ❄，图层即会显示为【解冻】状态 ☼，如图 5-23 所示。

图 5-21　单击【冻结】按钮

图 5-22　展开图层列表

图 5-23　解冻图层

 温馨提示

绘制图形是在当前图层中进行的，因此不能对当前图层进行冻结。

5.2.2 锁定和解锁图层

锁定图层即是锁定该图层中的对象。锁定图层后，图层上的对象仍然处于可见状态，可以继续绘制，但不能进行选择、编辑修改等操作，且该图层上的图形仍可显示和输出。默认情况下，所有图层都处于解锁状态，按钮显示为 🔓，当图层被锁定时，按钮显示为 🔒。锁定和解锁图层的具体操作步骤如下。

步骤01 单击需要锁定的图层的锁形按钮🔓，图层即会被锁定🔒，如图 5-24 所示。

步骤02 单击需要解锁的图层的锁形按钮🔒，图层即会被解锁🔓，如图 5-25 所示。

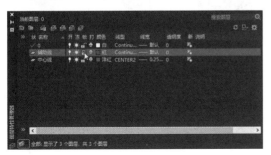

图 5-24 锁定图层

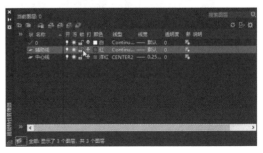

图 5-25 解锁图层

5.2.3 设置图层可见性

设置图层的可见性可以将图层中的对象暂时隐藏起来，或将隐藏的对象显示出来。被隐藏图层中的图形不能被选择、编辑、修改、打印。默认情况下，所有图层都处于显示状态，按钮显示为黄色灯泡，当图层处于隐藏状态时，按钮显示为灰色灯泡。单击需要隐藏的图层的黄色灯泡按钮，图层即会被隐藏，单击被隐藏图层的灰色灯泡按钮，使其变为黄色即可显示图层内容。

步骤01 单击当前图层的黄色灯泡按钮，如图 5-26 所示。

步骤02 弹出【图层 - 关闭当前图层】提示框，选择相应的选项，如图 5-27 所示。

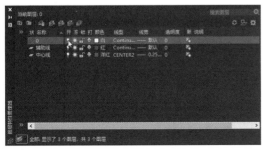

图 5-26 单击黄色灯泡按钮

图 5-27 弹出提示框

技能拓展

【图层 - 关闭当前图层】提示框中有两个选项，一个是【关闭当前图层】，由于此图层是当前图层，关闭后绘制的图形都将不可见；另一个是【使当前图层保持打开状态】，根据情况进行选择即可。

📑 课堂范例——合并图层

步骤01 打开"素材文件 \ 第 5 章 \ 合并图层 .dwg"，打开【图层】下拉列表，列表中有两个功能不明确的图层"图层 1""图层 2"，如图 5-28 所示。

步骤02 单击【图层】下拉按钮，单击【合并】按钮📑，如图 5-29 所示。

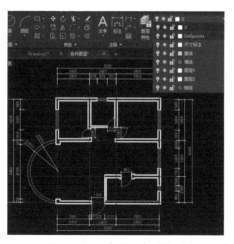

图 5-28 打开【图层】下拉列表

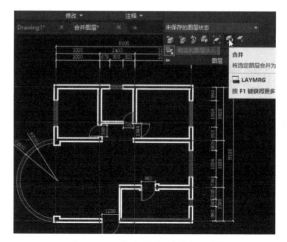

图 5-29 单击【合并】按钮

温馨提示

当文件中的图层过多，影响绘图速度，而这些图层又不能删除时，可以通过合并图层来精简图层数量。

步骤 03 提示【选择要合并的图层上的对象或】时输入子命令【命名】N，按空格键确认，如图 5-30 所示。

步骤 04 在【合并图层】对话框中依次选择要合并的图层，单击【确定】按钮，如图 5-31 所示。

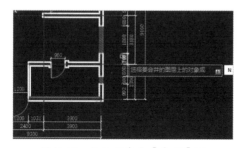

图 5-30 输入子命令【命名】N

图 5-31 选择要合并的图层

步骤 05 按空格键确认，提示【选择目标图层上的对象或】时输入子命令【命名】N，按空格键确认，如图 5-32 所示。

步骤 06 在【合并到图层】对话框中单击选择目标图层，单击【确定】按钮，如图 5-33 所示。

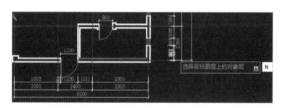

图 5-32 输入子命令【命名】N

图 5-33 选择目标图层

步骤 07 在弹出的【合并到图层】提示框中单击【是】按钮，完成图层合并，如图 5-34 所示。

步骤 08 打开【图层】下拉列表，列表中的图层如图 5-35 所示。

图 5-34 单击【是】按钮

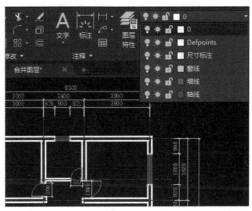

图 5-35 打开【图层】下拉列表

5.3 创建块

在制图过程中，有些图形对象的使用频率非常高，若每次都重新绘制，会大大影响绘图效率，这时就可以将这些对象组合在一起，存储在当前图形文件内部，可以在当前文件或其他文件中重复使用，这就是图块。任意对象和对象集合都可以创建成块。

5.3.1 创建块

【创建块】命令 BLOCK 可以将一个或多个对象组合成的图形定义为块。在创建块的过程中，一般要在对象集合的某个特殊位置指定一个基点，再确定创建块，方便在其他图形文件中插入图块。创建块的具体操作步骤如下。

步骤 01 打开"素材文件 \ 第 5 章 \5-3-1.dwg"，选择要组合成块的对象，输入【创建块】命令 B，如图 5-36 所示。

步骤 02 按空格键确认，弹出【块定义】对话框，输入块的名称，如"hp"，单击【拾取点】按钮，如图 5-37 所示。

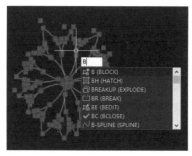

图 5-36 输入【创建块】命令

图 5-37 单击【拾取点】按钮

步骤 03 在对象中单击指定块的插入基点，如图 5-38 所示。

步骤 04 单击【确定】按钮，单击选择块，如图 5-39 所示。

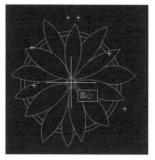

图 5-38 指定块的插入基点

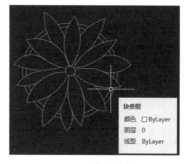

图 5-39 单击选择块

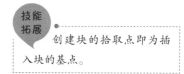

技能
拓展

创建块的拾取点即为插入块的基点。

5.3.2 插入块

在绘图过程中可以根据需要，把已定义好的图块插入当前图形的任意位置，在插入的同时还可以调整图块的大小、旋转角度等。使用【插入块】命令 INSERT 一次可以插入一个块对象，具体操作步骤如下。

步骤 01 打开"素材文件 \ 第 5 章 \5-3-2.dwg"，输入【插入块】命令 I，如图 5-40 所示。

步骤 02 打开【块】面板，单击■按钮，如图 5-41 所示。

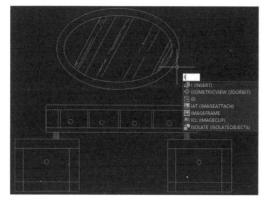

图 5-40 输入【插入块】命令

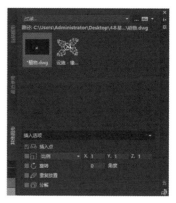

图 5-41 单击■按钮

步骤 03　选择需要的图块，如【YI ZI】，单击【打开】按钮，如图 5-42 所示。所选图块即可插入【块】面板中，如图 5-43 所示。

图 5-42　选择需要的图块　　　　　　图 5-43　所选图块插入【块】面板中

步骤 04　按住鼠标左键将图块拖曳到绘图区域中，如图 5-44 所示。

步骤 05　继续单击██按钮，打开"结果文件 \ 第 5 章 \5-3-2.dwg"，然后将【sha fa】图块拖曳到绘图区域中，如图 5-45 所示。

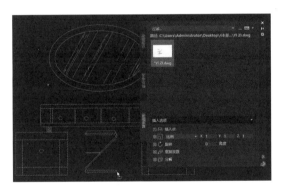

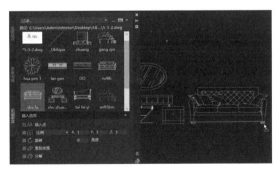

图 5-44　拖曳图块　　　　　　　　图 5-45　拖曳图块

技能拓展　　除了使用当前图形文件中的图块，还可以通过复制和粘贴将其他图形文件中的图块应用到当前图形文件中。因此可以新建一个图形文件，将创建的图块全部粘贴到绘图区域中，做成自己的图块库，以后使用时可以直接从图块库中调用图块。

5.3.3　写块

在激活【写块】命令 WBLOCK 后，弹出的【写块】对话框中提供了一种便捷方法，可以将当前图形的零件保存到不同的图形文件中，或将指定的块另存为一个单独的图形文件，具体操作步骤如下。

步骤 01　打开"素材文件 \ 第 5 章 \5-3-3.dwg"，选择写块的对象，输入【写块】命令 W，按空格键，如图 5-46 所示。

> **步骤 02** 在【文件名和路径】栏中输入文件名，单击【确定】按钮，完成写块，如图 5-47 所示。

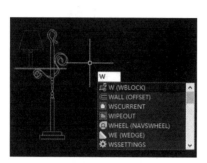

图 5-46　输入【写块】命令

图 5-47　输入文件名

> **技能拓展**
>
> 用【创建块】命令 B 创建的块存在于写块的文件中并仅对当前文件有效，其他文件不能直接调用，这类块需要通过复制、粘贴使用；用【写块】命令 W 创建的块，将保存为单独的 DWG 文件，该文件是独立存在的，其他文件可以直接插入使用。
>
> 　　将已定义的内部块写入外部块文件时，需要先指定一个块文件名及路径，再指定要写入的块。将所选图形写入外部块文件时，需要先执行【写块】命令 W，然后选取图形，确定块的插入基点，再写入新建块文件，根据需要设置是否删除或转换块属性。

🖳 课堂范例——创建属性块

> **步骤 01** 打开"素材文件 \ 第 5 章 \ 属性块 .dwg"，输入【定义属性】命令 ATT，弹出【属性定义】对话框。输入【标记】为"800"，【提示】为"门宽"，【文字高度】为"50"，单击【确定】按钮，如图 5-48 所示。

> **步骤 02** 单击指定对象定义的起点，如图 5-49 所示。

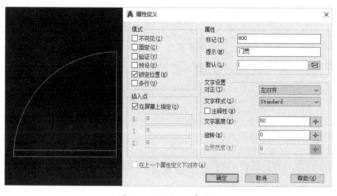

图 5-48　输入属性

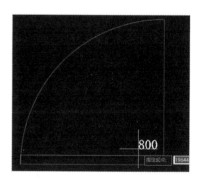

图 5-49　指定对象定义的起点

步骤 03　执行【创建块】命令 B，单击【选择对象】按钮 ✚，如图 5-50 所示。
步骤 04　从右至左框选所有对象，按空格键确认，如图 5-51 所示。

图 5-50　单击【选择对象】按钮

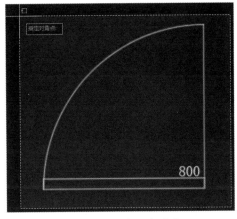

图 5-51　框选所有对象

步骤 05　输入块名称，如"门"，单击【确定】按钮，如图 5-52 所示。
步骤 06　在【编辑属性】对话框中单击【确定】按钮，如图 5-53 所示，属性块创建完成。

图 5-52　输入块名称

图 5-53　单击【确定】按钮

5.4　编辑块

　　编辑块主要是对已经存在的块进行相关编辑，本节包括块的分解、重定义、在位编辑和删除块等内容。

5.4.1 块的分解

在实际绘图中，要让一个块适用于当前图形，往往要对组成块的对象进行一些调整，此时需要将块分解并进行修改，具体操作步骤如下。

步骤 01 打开"素材文件\第5章\5-4-1.dwg"，单击块对象，输入【分解】命令X，如图5-54所示。

步骤 02 按空格键确认分解对象，选择已分解的对象，效果如图5-55所示。

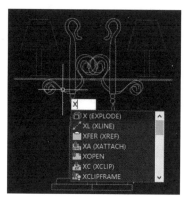

图 5-54 输入【分解】命令 X

图 5-55 选择已分解的对象

5.4.2 块的重定义

通过对块的重定义，可以更新所有与之相关的块，达到自动更新的效果，该功能在绘制比较复杂且大量重复的图形时应用很频繁，具体操作步骤如下。

步骤 01 打开"素材文件\第5章\5-4-2.dwg"，删除最左侧的台灯，如图5-56所示。

步骤 02 选择需要创建块的对象，输入【创建块】命令B，如图5-57所示。

图 5-56 删除最左侧的台灯

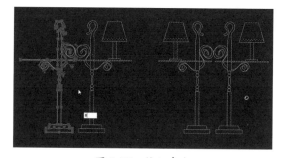

图 5-57 输入命令

步骤 03 输入块名称，单击【拾取点】按钮，在图形中单击指定基点，单击【确定】按钮，如图5-58所示。

步骤 04 在弹出的【块-重新定义块】对话框中单击【重新定义块】选项，如图5-59所示。

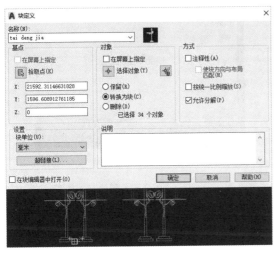

图 5-58 指定基点

图 5-59 重新定义块

步骤 05 完成块的重定义，如图 5-60 所示。

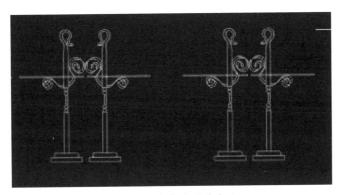

图 5-60 完成块的重定义

> **温馨提示**
> 在【块 – 重新定义块】对话框中，单击【不重新定义】选项将返回【块定义】对话框，重新输入其他块名称即可。

5.4.3 编辑属性块

带属性的块创建完成后，还可以在块中编辑属性定义、从块中删除属性及更改插入块时程序提示用户输入属性值的顺序，具体操作步骤如下。

步骤 01 打开"素材文件 \ 第 5 章 \5-4-3.dwg"，单击选择对象，执行【块属性管理器】命令 BATT，在【块属性管理器】对话框中单击【编辑】按钮，如图 5-61 所示。

步骤 02 在【编辑属性】对话框中单击【属性】选项卡，将【标记】修改为"700"，如图 5-62 所示。

图 5-61 单击【编辑】按钮

图 5-62 修改标记

步骤 03 单击【文字选项】选项卡，将【倾斜角度】修改为"30"，如图 5-63 所示。

步骤 04 单击【特性】选项卡，单击【图层】下拉按钮，选择【家具】图层，如图 5-64 所示，可以设置线型、颜色等内容，完成后单击【确定】按钮。

图 5-63 修改倾斜角度

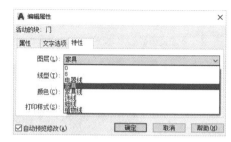

图 5-64 选择图层

步骤 05 返回【块属性管理器】对话框确认编辑完成，也可以单击【设置】按钮，如图 5-65 所示。

步骤 06 弹出【块属性设置】对话框，设置相关内容，单击【确定】按钮，如图 5-66 所示。

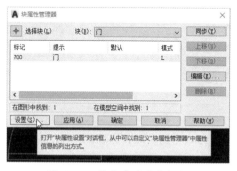

图 5-65 单击【设置】按钮

图 5-66 设置相关内容

步骤 07 单击【应用】按钮，然后单击【确定】按钮，如图 5-67 所示。

步骤 08 双击对象弹出【增强属性编辑器】对话框，输入【值】为"800"，单击【确定】按钮，如图 5-68 所示。

图 5-67 单击【确定】按钮

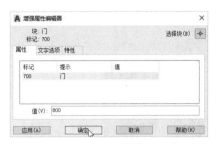

图 5-68 输入值后单击【确定】按钮

步骤 09 块属性编辑完成，如图 5-69 所示。

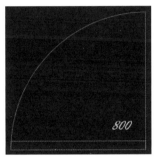

图 5-69 块属性编辑完成

技能拓展
　　在 AutoCAD 中，【ATTDISP】命令可以控制是否显示块属性，执行【ATTDISP】命令后的系统提示中，普通选项用于恢复定义属性时设置的可见性；【ON/OFF】用于控制属性暂时可见或不可见。

课堂范例——插入带属性的块

步骤 01 使用【圆】命令 C 绘制一个【半径】为 200 的圆，输入命令【ATT】，按空格键确认，如图 5-70 所示。

步骤 02 输入【标记】为"A"，选择【对正】为【布满】，输入【文字高度】为"200"，单击【确定】按钮，如图 5-71 所示。

步骤 03 在圆内左下角位置单击，然后在圆内右下角位置单击，指定文字位置，如图 5-72 所示。

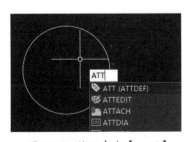

图 5-70 输入命令【ATT】

图 5-71 设置属性内容

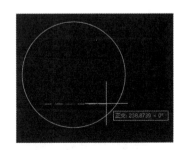

图 5-72 指定文字位置

步骤 04 框选所有对象，如图 5-73 所示。输入【创建块】命令 B，输入块名称，如"轴圈"，单击【确定】按钮，如图 5-74 所示。

步骤 05 在标记【A】后的文本框中输入值"1"，单击【确定】按钮，如图 5-75 所示。

图 5-73 框选所有对象

图 5-74 输入块名称

图 5-75 输入值

步骤 06 效果如图 5-76 所示。

步骤 07 输入【插入块】命令 I，单击【当前图形】选项卡，如图 5-77 所示，选择名称为【轴圈】的块，将其拖曳至绘图区域中，在弹出的【编辑属性】对话框中输入新值"2"，如图 5-78 所示。

图 5-76 显示效果

图 5-77 单击【当前图形】选项卡

图 5-78 输入新值

步骤 08 单击【确定】按钮，效果如图 5-79 所示。

步骤 09 输入命令【CO】复制一个块，双击块修改【值】为"3"，如图 5-80 所示，单击【确定】按钮。

图 5-79 插入块效果

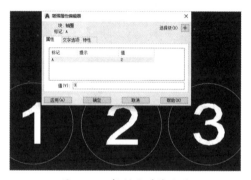

图 5-80 复制块并修改值

5.5 设计中心

通过设计中心可以浏览计算机或网络上的图形文件中的内容,包括图块、标注样式、图层、布局、线型、文字样式、外部参照。另外,通过设计中心可以从任意图形中选择图块,或从 AutoCAD 图元文件中选择填充图案,置于工具选项板上以便以后使用。

5.5.1 初识AutoCAD 2020设计中心

在 AutoCAD 中要浏览、查找、预览及插入块、图案填充和外部参照等内容,必须先进入【设计中心】选项板浏览查看,如图 5-81 所示,相关选项介绍如表 5-1 所示。

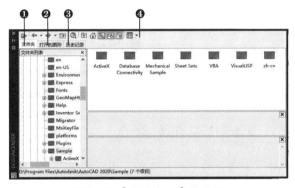

图 5-81 【设计中心】选项板

表 5-1 设计中心选项板简介

区域	简介
❶文件夹	显示计算机或网络驱动器(包括"我的电脑"和"网络")中文件和文件夹的层次结构。可以使用 ADCNAVIGATE 在设计中心树状图中定位指定的文件名、目录位置或网络路径
❷打开的图形	显示当前工作任务中打开的所有图形,包括最小化的图形
❸历史记录	显示最近在设计中心打开的文件列表。显示历史记录后,在某文件上单击鼠标右键,可以显示此文件的信息或从历史记录列表中删除此文件
❹顶部工具栏	通过工具栏中的按钮可以显示和访问选项 📂│← · → · │🗐│🔍│🗐 🏠│🖼🗐🗐│🎟 ·

> **技能拓展**
>
> 执行命令【ADC】或按快捷键【Ctrl+2】即可打开【设计中心】选项板。

5.5.2 插入图例库中的图块

在 AutoCAD 中,在一个文件中创建的图块不能直接被其他文件使用。为了解决这个问题,可以将创建的图块加载到【设计中心】内，同一台计算机中的所有 AutoCAD 文件都可以直接使用这些图块，具体操作步骤如下。

步骤 01 单击【设计中心】选项板顶部的【加载】按钮 📂，打开【加载】对话框，如图 5-82 所示。

步骤 02 在预览框中会显示选定的内容，选择要加载的文件后，双击文件名称，单击【块】，即会显示文件中包含的图块，如图 5-83 所示。

图 5-82　打开【加载】对话框

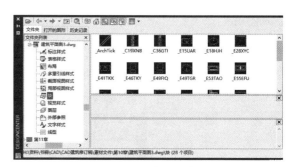

图 5-83　显示加载文件中的图块

5.5.3　在图形中插入设计中心中的对象

将 AutoCAD 设计中心中的对象拖曳到打开的图形中，根据提示设置对象的插入点、比例因子、旋转角度等，即可将选择的对象插入到图形中。通过双击设计中心中的图块，可以以插入对象的方式将其添加到当前的图形中，具体操作步骤如下。

步骤 01 输入命令【ADC】，按空格键确认，在左侧【文件夹列表】窗格内选择文件中的【块】，在右侧窗格内选择需要的图块，如图 5-84 所示。

步骤 02 在选择的图块上双击鼠标左键，弹出【插入】对话框，根据需要设置相关内容，完成设置后单击【确定】按钮。在绘图区域中的适当位置单击即可完成图块的插入，如图 5-85 所示。

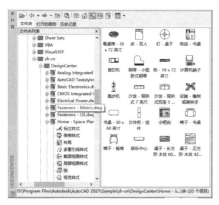

图 5-84　选择需要的图块

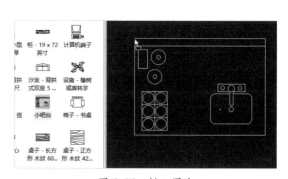

图 5-85　插入图块

课堂范例——插入保险丝图块

步骤 01　新建一个图形文件，然后按快捷键【Ctrl+2】打开设计中心，在左侧的文件夹列表中依次展开【Sample\zh-cn\DesignCenter\Electrical Power.dwg】文件，选择【块】，显示文件中包含的图块，如图 5-86 所示。

步骤 02　找到【保险丝】图块，然后在该图块上单击鼠标右键，在弹出的菜单中选择【插入块】命令，打开【插入】对话框，保持默认设置，直接单击【确定】按钮，如图 5-87 所示。

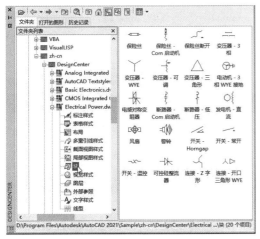

图 5-86　显示文件中包含的图块

图 5-87　【插入】对话框

步骤 03　在绘图区域中指定插入位置即可，如图 5-88 所示。

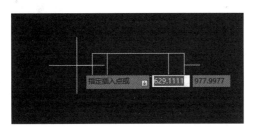

图 5-88　指定插入位置

课堂问答

通过本章的讲解，读者可以掌握创建与编辑图层、图层的辅助设置、创建块、编辑块等方法，了解设计中心的使用方法，下面列出一些常见的问题供学习参考。

问题 1：如何修复图形线型不显示的问题？

答：在绘图时经常会遇到已经设置好的线型没有按要求显示的情况，这个问题可以通过设置线型比例进行修复，具体操作步骤如下。

步骤 01 打开"素材文件 \ 第 5 章 \ 问题 1.dwg",可以看到文件中的中心线没有正常显示，如图 5-89 所示。

步骤 02 执行【线型】命令 LT，在对话框中单击【显示细节】按钮，如图 5-90 所示。

图 5-89　打开文件　　　　　　　　　　　图 5-90　单击【显示细节】按钮

步骤 03 在打开的线型管理器中设置【全局比例因子】为"20"，单击【确定】按钮，如图 5-91 所示。

步骤 04 文件中的中心线即会按设置的比例显示线型，如图 5-92 所示。

图 5-91　设置【全局比例因子】　　　　　图 5-92　按设置的比例显示线型

问题 2：如何使用增强属性编辑器？

双击属性块即可打开【增强属性编辑器】对话框，在修改块属性时，使用【增强属性编辑器】更加方便快捷，具体操作步骤如下。

步骤 01 打开"素材文件 \ 第 5 章 \ 问题 2.dwg"，双击属性块，打开【增强属性编辑器】对话框，如图 5-93 所示。

步骤 02 输入【值】为"1000"，如图 5-94 所示。

图 5-93　打开【增强属性编辑器】对话框

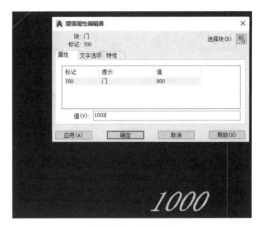

图 5-94　输入值

步骤 03　单击【特性】选项卡，单击【颜色】下拉按钮，选择【蓝】色，如图 5-95 所示。

步骤 04　单击【确定】按钮，所选的属性块显示修改后的属性，如图 5-96 所示。

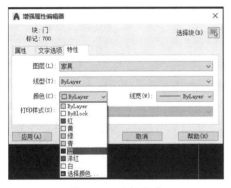

图 5-95　选择颜色

图 5-96　显示修改后的属性

问题 3：如何解决块不能分解的问题？

答：在绘制图形的过程中，可能会遇到有些块不能分解的问题，在将对象组合成块时，设置相应的内容即可避免出现这样的情况，具体操作步骤如下。

步骤 01　打开"素材文件 \ 第 5 章 \ 问题 3.dwg"，单击选择对象，输入【分解】命令 X，如图 5-97 所示。

步骤 02　按空格键确认，程序提示无法分解，如图 5-98 所示。

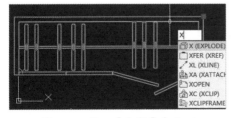

图 5-97　输入【分解】命令 X

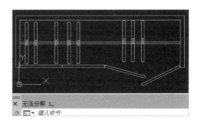

图 5-98　程序提示无法分解

步骤 03　右击块，选择【在位编辑块】命令，如图 5-99 所示。

步骤 04　在【参照编辑】对话框中选择这个不能分解的块，单击【确定】按钮，如图 5-100 所示。

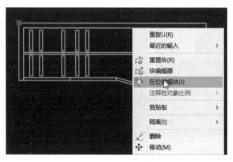

图 5-99　选择命令

图 5-100　选择块

步骤 05　在功能区中单击【从工作集中删除】按钮，然后框选所有块中的元素并按【Enter】键，如图 5-101 所示。最后单击【保存修改】按钮，在弹出的对话框中单击【确定】按钮保存即可，如图 5-102 所示。

步骤 06　选择对象，可看到块已经被分解，如图 5-103 所示。

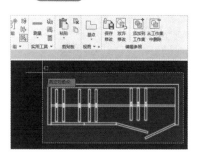

图 5-101　从工作集中删除

图 5-102　保存修改

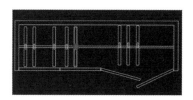

图 5-103　块分解结果

技能拓展

创建块时若没有勾选【允许分解】复选框，则块不能被分解，如图 5-104 所示。

图 5-104　【允许分解】复选框

为了帮助读者巩固本章知识点，下面讲解两个综合案例，使读者对本章的知识有更深入的了解。

上机实战——绘制会议桌及椅子

效果展示

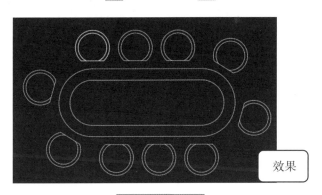

效果

思路分析

本例首先绘制会议桌，然后绘制椅子并创建为块，再使用定数等分命令复制椅子并使其绕会议桌一周，完成会议桌及椅子的绘制。

制作步骤

步骤01 使用【多段线】命令 PL 绘制会议桌，如图 5-105 所示。

步骤02 使用【偏移】命令 O 将多段线向内侧偏移 200，如图 5-106 所示。

图 5-105 绘制会议桌

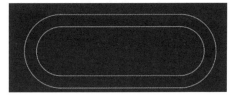

图 5-106 偏移多段线

步骤03 使用【圆弧】命令 ARC 和【直线】命令 L 绘制椅子，如图 5-107 所示。

步骤04 选择椅子的各部分，输入【创建块】命令 B，按空格键，如图 5-108 所示。

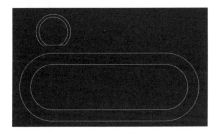

图 5-107 绘制椅子

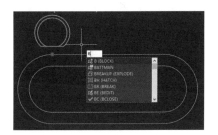

图 5-108 输入命令

步骤05 输入块名称，如"yi zi"，单击【拾取点】按钮，如图 5-109 所示。

步骤06 在多段线上单击指定块的基点，如图 5-110 所示。

图 5-109　单击【拾取点】按钮

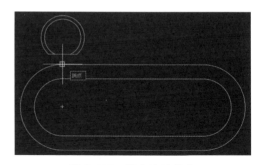

图 5-110　指定块的基点

步骤 07　单击【确定】按钮。输入【定数等分】命令 DIV，按空格键，单击选择要定数等分的对象，如图 5-111 所示。

步骤 08　输入子命令【块】B，按空格键确认，输入要插入的块名，按【Enter】键确认，如图 5-112 所示。

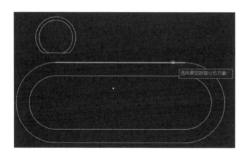

图 5-111　选择对象

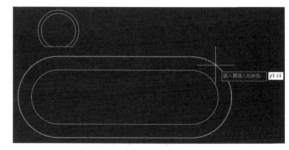

图 5-112　输入要插入的块名

步骤 09　在提示是否对齐块和对象时输入子命令【是】Y，按空格键确认，输入线段数目"10"，按空格键确认，如图 5-113 所示。

步骤 10　完成会议桌及椅子的绘制，最终效果如图 5-114 所示。

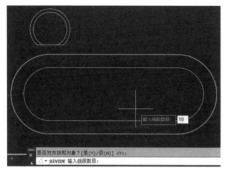

图 5-113　输入线段数目

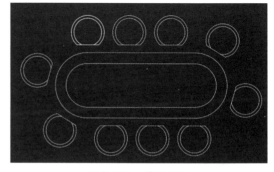

图 5-114　最终效果

温馨
提示

● 在本例中，在创建块时将基点指定在了多段线上，因此可以使用定数等分命令将其他对象快速绘制出来。

● 在输入的文字需要确认时，如本例中输入块名后，必须按【Enter】键确认，因为此时空格键表示输入空格。

● 行业和需求不同，块的使用方法也有区别。

同步训练——创建六角螺母图块

图解流程

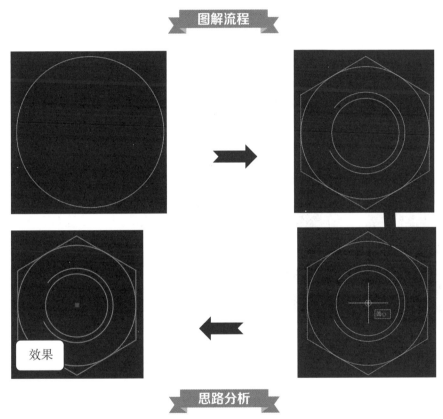

效果

思路分析

绘制图形并将其制作为图块，是建立自己的图库的第一步，拥有自己的图库是提高绘图效率的关键。

本例首先使用【圆】命令绘制圆，然后使用【多边形】命令绘制螺母的形状，继续使用【圆】命令绘制同心圆，再使用【打断】命令绘制细节，最后将绘制的图形定义为块。

关键步骤

步骤01　新建一个图形文件，输入【圆】命令 C，在绘图区域中绘制一个半径为 6.5 的圆，如图 5-115 所示。

步骤02　输入【多边形】命令 POL，在绘图区域中绘制一个外切于圆的正六边形，如图 5-116、图 5-117 所示。

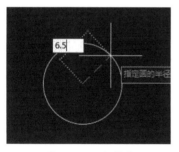

图 5-115　绘制圆

图 5-116　选择外切于圆

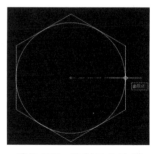

图 5-117　绘制正六边形

步骤 03　输入【圆】命令 C 绘制两个半径分别为 4 和 3.4 的同心圆，如图 5-118 所示。

步骤 04　输入【打断】命令 BR，将半径为 4 的圆在适当位置打断，如图 5-119 所示。

步骤 05　完成六角螺母的绘制后，按快捷键【Ctrl+A】选中所有图形，输入【创建块】命令 B，打开【块定义】对话框。在【块定义】对话框的【名称】文本框中输入块名称"六角螺母"，然后单击【基点】栏中的【拾取点】按钮，如图 5-120 所示，在绘图区域中单击圆心（表示圆心将作为块的插入基点）。

图 5-118　绘制同心圆

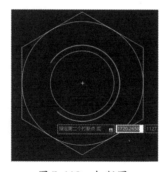

图 5-119　打断圆

图 5-120　单击【拾取点】按钮

步骤 06　设置【块单位】为【毫米】，然后在【说明】文本框中输入文字说明"机械设计图库"，最后单击【确定】按钮，完成块的创建，如图 5-121 所示。

步骤 07　在绘图区域中单击选中图形，可以看到该图形已经被定义为块，插入基点位置显示其夹点，如图 5-122 所示。

图 5-121　输入说明

图 5-122　显示效果

知识能力测试

一、填空题

1. 创建块的快捷命令是 _____，写块的快捷命令是 _____，插入块的快捷命令是 _____。

2. 打开设计中心的快捷命令是 _____。

3. 定义块属性的快捷命令是 _____，编辑块属性的快捷命令是 _____。

二、选择题

1. 打开线型管理器的快捷命令是（　　　　）。

A. LT　　　　　　　B. LA　　　　　　　C. LS　　　　　　　D. LC

2. 在 AutoCAD 中，默认的图层是（　　　　）。

A. 背景层　　　　　　B. 0 层　　　　　　C. Defpoints 层　　　　D. 当前层

3. 当前图层（　　　）被关闭，（　　　）被冻结。

A. 不能，不能　　　B. 不能，可以　　　C. 可以，不能　　　D. 可以，可以

三、简答题

1. 定义块属性的流程是什么？

2.【创建块】与【写块】的共同点和区别是什么？

AutoCAD
2020

第6章
图案填充与对象特性

　　为了表现设计方案中的各种材质，也为了制图的美观，在绘图过程中经常需要使用图案或渐变色填充。对象特性指的是对象的线型、颜色、线宽、透明度等属性。在 AutoCAD 中，修改对象特性的方法有很多种，如通过图层、特性工具栏、特性选项板等。本章将详细介绍 AutoCAD 的图案填充功能，以及如何设置对象特性以组织图形。

学习目标

- 掌握创建图案填充的方法
- 掌握编辑图案填充的方法
- 掌握更改对象特性的方法
- 掌握特性匹配的方法

6.1 创建图案填充

图案填充通常用于表现对象的材质或区分工程的部件，使图形看起来更加清晰，更加具有表现力。对图形进行图案填充，可以使用预定义的填充图案、使用当前线型定义简单的填充图案或创建更加复杂的填充图案。

6.1.1 图案填充选项卡

对图形进行图案填充和渐变色填充，可以在【图案填充和渐变色】对话框中进行相关设置。

【图案填充和渐变色】对话框默认显示的【图案填充】选项卡如图 6-1 所示，相关介绍如表 6-1 所示。

图 6-1 【图案填充】选项卡

表 6-1 【图案填充】选项卡简介

选项	简介
❶类型	设置填充图案的类型，包括 3 个选项：预定义、用户定义和自定义。【预定义】为使用系统预定义的填充图案，可以调整预定义填充图案的比例和旋转角度；【用户定义】为使用当前线型定义简单的填充图案；【自定义】为从其他定制的（.pat）文件中选择一个图案，而不是从 Acad.pat 或 Acadiso.pat 文件中选择，用户同样可以调整自定义填充图案的比例和旋转角度
❷图案	只有设置【类型】为【预定义】时，该选项才能被激活，在下拉列表中可以选择系统提供的填充图案
❸颜色	用于设置填充图案的颜色。单击【颜色】后的下拉按钮会显示可用颜色；单击【为新图案填充对象指定背景色】按钮■ ∨也可以选择相应颜色，在此下拉列表中选择【无】可以关闭背景色
❹样例	显示所选图案的预览效果
❺自定义图案	只有设置【类型】为【自定义】时，该选项才能被激活，其下拉列表中列出了可供用户使用的自定义图案
❻角度和比例	角度用于指定填充图案相对于当前用户坐标系 X 轴的旋转角度。比例用于设置填充图案的缩放比例，以使图案更稀疏或更密集

技能
拓展
　　比例在默认情况下为1，数值越小，图案越密集，数值越大，图案越稀疏。

打开【图案填充和渐变色】对话框的具体操作步骤如下。

步骤01　　输入【填充】命令H，输入子命令【设置】T，按空格键确认，弹出【图案填充和渐变色】对话框，如图6-2所示。

步骤02　　单击右下角的【更多选项】按钮，隐藏的内容会被展开，如图6-3所示。单击【更少选择】按钮，被展开的内容会被重新隐藏。

图6-2　【图案填充和渐变色】对话框

图6-3　隐藏的内容被展开

6.1.2　确定填充边界

通过调整【图案填充和渐变色】对话框右侧的【边界】和【选项】区域内的参数，可以控制填充的边界和填充的一些设置，如图6-4所示，相关介绍如表6-2所示。

图6-4　边界和选项

表6-2　边界和选项简介

选项	简介
❶添加：拾取点	用于在待填充区域内部拾取一点，以检测孤岛来确定边界
❷添加：选择对象	通过选择构成封闭区域的对象来确定边界
❸删除边界	只有选定边界对象后，该按钮才会被激活，用于删除指定的边界
❹关联	填充图案和边界的关系可分为关联和无关两种。关联是指随着边界的修改，填充图案也会自动更新，即重新填充修改后的边界；无关是指填充图案不会随着边界修改自动更新，依然保持原状态
❺创建独立的图案填充	勾选此选项后，如果指定了多个单独的闭合边界，那么每个闭合边界内的填充图案都是独立对象；如果没有勾选此选项，那么多个单独闭合边界内的填充图案是一个整体对象
❻绘图次序	设置填充图案的放置次序，有多个选项供用户选择，系统默认设置是把填充图案置于边界之后
❼图层	指定将图案或渐变填充到哪个图层
❽透明度	设置填充图案的透明度，取值范围为0~90

1. 添加：拾取点

在需要进行填充的封闭区域内部任意位置单击，程序会自动分析图案填充的边界，具体操作步骤如下。

步骤01　打开"素材文件\第6章\6-1-2.dwg"，输入【填充】命令H，输入子命令【设置】T，按空格键，如图6-5所示。

步骤02　在弹出的【图案填充和渐变色】对话框中单击【添加：拾取点】按钮⊞，如图6-6所示。

步骤03　将【比例】设置为10，在需要填充区域内部任意位置单击，如图6-7所示。

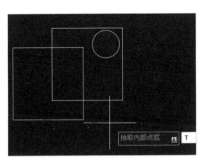

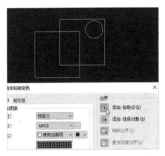

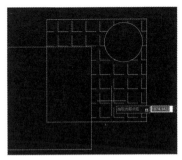

图6-5　输入子命令【设置】T　　图6-6　单击【添加：拾取点】按钮　　图6-7　在区域内部单击

2. 添加：选择对象

单击需要构成填充区域的闭合边框线，即可在此边框线内的区域中填充指定的图案或颜色，具体操作步骤如下。

步骤01 打开"素材文件\第 6 章\6-1-2.dwg",输入【填充】命令 H,输入子命令【设置】T,按空格键确认,如图 6-8 所示。

步骤02 在弹出的【图案填充和渐变色】对话框中单击【添加：选择对象】按钮，如图 6-9 所示。

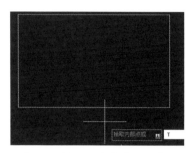

图 6-8　输入子命令【设置】T

图 6-9　单击【添加：选择对象】按钮

步骤03 将【比例】设置为 10,单击需要填充区域的闭合的边框线,如图 6-10 所示。

步骤04 按空格键打开【图案填充和渐变色】对话框,单击【预览】按钮,效果如图 6-11 所示。

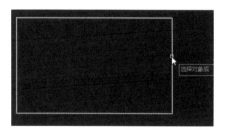

图 6-10　单击边框线

图 6-11　预览效果

> **技能拓展**
>
> 【添加：拾取点】一般在交叉图形较多、选择边框较难的情况下使用。【添加：拾取点】是由程序自动计算边界,当图形文件较大时,会占用大量计算机资源,在可以快速找到填充对象边框的情况下一般选用【添加：选择对象】。

3. 删除边界

若要将填充区域内的某些封闭区域一并填充,可以通过删除边界实现,具体操作步骤如下。

步骤01 打开"素材文件\第 6 章\6-1-2.dwg",输入【填充】命令 H,输入子命令【设置】T,按空格键确认,单击【添加：拾取点】按钮，将【比例】设置为 10,在需要填充的区域内单击,如图 6-12 所示。

步骤02 按空格键确认填充,单击【删除边界】按钮，如图 6-13 所示。

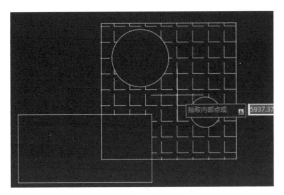

图 6-12 填充对象

图 6-13 单击【删除边界】按钮

步骤 03 单击选择未填充区域的边框线，如图 6-14 所示。

步骤 04 按空格键确认删除所选边界，如图 6-15 所示。

步骤 05 按空格键接受填充，在弹出的菜单中选择【解除关联】，如图 6-16 所示。

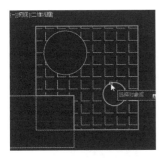

图 6-14 单击边框线

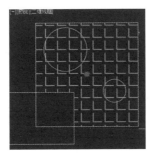

图 6-15 删除所选边界

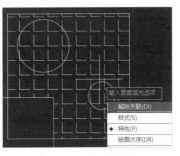

图 6-16 解除关联

步骤 06 选择填充区域中的两个边框线，如图 6-17 所示，按【Delete】键删除边框线，效果如图 6-18 所示。

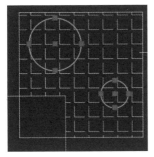

图 6-17 选择边框线

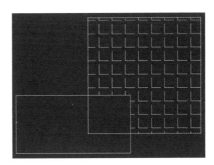

图 6-18 删除边框线

6.1.3 控制孤岛的填充

在一个封闭区域内的一个或多个封闭区域被称作孤岛，在 AutoCAD 中，用户可以使用 3 种填充样式来控制孤岛的填充，分别是【普通】【外部】和【忽略】，具体操作步骤如下。

步骤 01 在【图案填充和渐变色】对话框中单击 ⊙ 按钮，显示【孤岛】区域，单击选择【普通】样式，单击【添加：拾取点】按钮 ⊞，如图 6-19 所示。

步骤 02 在对象中指向需要拾取内部点的区域，效果如图 6-20 所示。

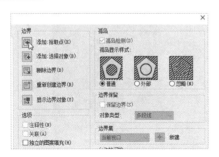

图 6-19　选择普通样式

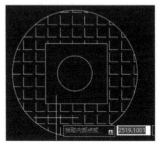

图 6-20　普通孤岛填充效果

步骤 03 输入 U 放弃，输入子命令【设置】T，按空格键，单击选择【外部】样式，单击【添加：拾取点】按钮 ⊞，如图 6-21 所示，在对象中指向需要拾取内部点的区域，效果如图 6-22 所示。

图 6-21　选择外部样式

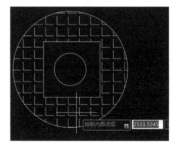

图 6-22　外部孤岛填充效果

步骤 04 输入 U 放弃，输入子命令【设置】T，按空格键，单击选择【忽略】样式，单击【添加：拾取点】按钮 ⊞，如图 6-23 所示，在对象中指向需要拾取内部点的区域，效果如图 6-24 所示。

图 6-23　选择忽略样式

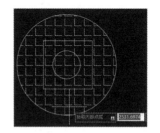

图 6-24　忽略孤岛填充效果

温馨提示

【孤岛】区域中各选项含义如下。

● 【普通】：从外部边界向内每隔一个边界填充。

● 【外部】：从外部边界向内填充并在下一个边界处停止。此样式仅填充指定区域，不影响内部孤岛，是默认填充样式。

- 【忽略】：忽略内部边界，填充整个封闭区域。

6.1.4　继承特性

继承特性是指继承填充图案的样式、颜色、比例等所有属性。【图案填充和渐变色】对话框右下角有一个【继承特性】按钮，通过该按钮可以使用选定的图案填充对象对指定的区域进行填充，具体操作步骤如下。

步骤 01　绘制并填充图形，在【图案填充和渐变色】对话框中单击【继承特性】按钮，单击选择图案填充对象，如图 6-25 所示。

步骤 02　单击拾取内部点，如图 6-26 所示，按空格键确认，所选区域即可继承所选图案填充对象进行填充。

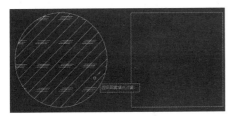

图 6-25　选择图案填充对象

图 6-26　拾取内部点并进行填充

温馨提示　使用【继承特性】功能要求绘图区域内至少有一个填充图案存在。单击【继承特性】按钮后，将返回绘图区域，提示用户选择一个填充图案。

6.1.5　无边界填充图案

前面介绍的图案填充方法都是对有边界的区域进行填充，下面介绍无边界填充图案的方法，具体操作步骤如下。

步骤 01　输入并执行命令【-H】，如图 6-27 所示。
步骤 02　输入子命令【绘图边界】W，按空格键确认，如图 6-28 所示。
步骤 03　按空格键确认执行默认命令【N】，即不保留多段线边界，如图 6-29 所示。

图 6-27　输入并执行命令【-H】

图 6-28　输入子命令

图 6-29　执行默认命令【N】

步骤 04 单击指定起点，向右移动十字光标，输入距离"100"，按空格键确认；向下移动十字光标，输入距离"50"，按空格键确认；向左移动十字光标，输入距离"100"，按空格键确认，如图 6-30 所示。

步骤 05 输入子命令【闭合】C，按空格键确认，如图 6-31 所示。

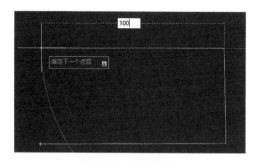

图 6-30　输入距离

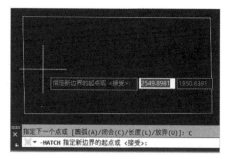

图 6-31　输入子命令

步骤 06 按空格键接受当前绘制的闭合区域，输入子命令【特性】P，按空格键确认，如图 6-32 所示。

步骤 07 输入子命令【用户定义】U，按空格键确认，如图 6-33 所示。

图 6-32　输入子命令

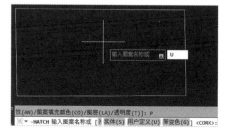

图 6-33　输入子命令

步骤 08 指定十字光标线的角度为"45"，按空格键确认，如图 6-34 所示。

步骤 09 指定行距为"4"，按【Enter】键确认，如图 6-35 所示。

图 6-34　指定角度

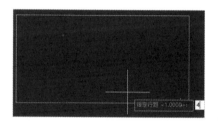

图 6-35　指定行距

步骤 10 输入子命令【Y】确认双向图案填充区域，按空格键确认，如图 6-36 所示。
步骤 11 按空格键确认并结束无边界填充命令，效果如图 6-37 所示。

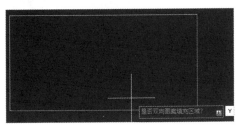

图 6-36 输入子命令 Y

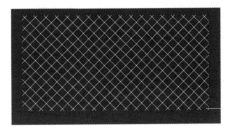

图 6-37 无边界填充最终效果

6.1.6 渐变色填充

渐变色填充就是使用渐变色填充封闭区域或选定对象。渐变色填充属于实体图案填充，可以体现出光照在平面上产生的过渡颜色效果。渐变色填充的具体操作步骤如下。

步骤 01 绘制边长为 200 的八边形，输入【填充】命令 H，输入子命令【设置】T，单击【渐变色】选项卡，选择【双色】选项，如图 6-38 所示。

步骤 02 选择第一种填充方式，单击【添加：选择对象】按钮，如图 6-39 所示。

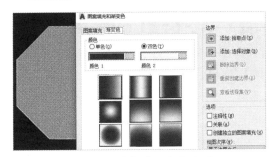

图 6-38 选择【双色】选项

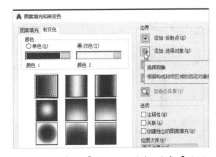

图 6-39 单击【添加：选择对象】按钮

> **技能拓展** 渐变色填充包括【单色】和【双色】两种效果，【单色】填充是指定一种颜色与白色平滑过渡的渐变效果，【双色】填充是两种颜色之间平滑过渡的渐变效果。还可以选择渐变图案和方向来丰富渐变效果。

步骤 03 单击选择需要填充渐变色的对象，按空格键确认，如图 6-40 所示。

步骤 04 输入【编辑填充】命令 HE，选择【渐变色】选项卡，选择【从内向外】填充方式，如图 6-41 所示。单击【确定】按钮，完成所选对象的渐变色填充，如图 6-42 所示。

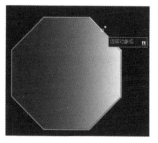

图 6-40　选择对象

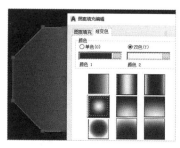

图 6-41　编辑填充

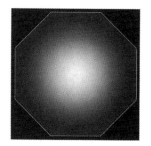

图 6-42　最终效果

6.2　编辑图案填充

如果用户对当前的填充效果不满意，可以对填充内容进行修改。

6.2.1　修改填充图案

对图形进行图案填充后，如果观察到填充效果与需要的效果不符，可以对相应参数进行修改，具体操作步骤如下。

步骤 01　绘制两个矩形，输入【填充】命令 H，输入子命令【设置】T，按空格键，如图 6-43 所示。

步骤 02　选择【图案】为 "JIS_LC_8"，【角度】为 "0"，【比例】为 "10"，单击【添加：选择对象】按钮，如图 6-44 所示。

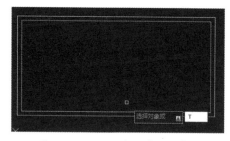

图 6-43　输入子命令【设置】T

图 6-44　单击【添加：选择对象】按钮

步骤 03　单击内侧矩形，如图 6-45 所示。

步骤 04　输入 U 放弃，输入子命令【设置】T，将【图案】更改为 "JIS_STN_1E"，【角度】更改为 "15"，【比例】更改为 "450"，如图 6-46 所示。

图 6-45　单击内侧矩形

图 6-46　设置填充

步骤 05　按空格键完成填充，效果如图 6-47 所示。

图 6-47　最终效果

技能
拓展　在填充的过程中，一般通过【预览】来查看所设置内容的显示效果，若对当前效果不满意，可以按【Esc】键返回对话框对相关设置进行修改，直到满意当前显示的效果时，再按空格键确认填充。若预览不可用，可输入 HPQUICKPREVIEW 环境变量，设置为"ON"即可。

6.2.2　修剪图案填充

在对图形进行图案填充后，如果不需要其中某部分填充内容，可以对图案填充进行修剪，具体操作步骤如下。

步骤 01　绘制并填充图形，如图 6-48 所示。

步骤 02　输入并执行【修剪】命令 TR，单击选择修剪界限边，按空格键，如图 6-49 所示。

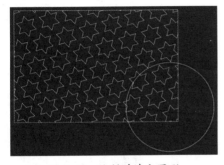

图 6-48　绘制并填充图形

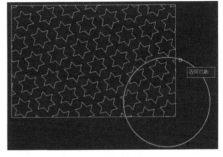

图 6-49　选择修剪界限边

步骤 03　单击选择要修剪的图案填充，界限边内的图案填充即会被修剪掉，如图 6-50 所示，按空格键结束修剪命令。

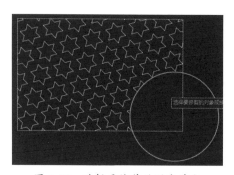

图 6-50　选择要修剪的图案填充

课堂范例——填充卧室地面铺装

步骤 01　打开"素材文件 \ 第 6 章 \ 卧室地面 .dwg"，如图 6-51 所示。

步骤 02　输入【填充】命令 H，输入子命令【设置】T，单击【渐变色】选项卡，单击颜色右侧的■按钮，设置【颜色 1】和【颜色 2】均为颜色 133，如图 6-52 所示。

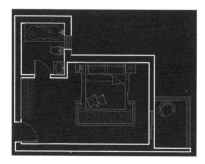

图 6-51　打开素材文件

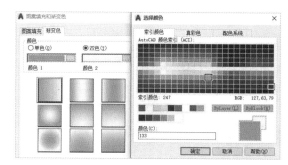

图 6-52　设置渐变颜色

步骤 03　设置【透明度】为"87"，如图 6-53 所示。

步骤 04　单击确定卫生间内部拾取点，填充渐变色，按空格键确认，如图 6-54 所示。

图 6-53　设置透明度

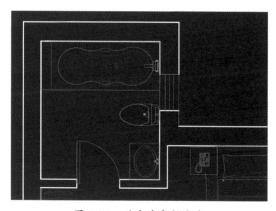

图 6-54　确定内部拾取点

步骤 05　输入【填充】命令 H，输入子命令【设置】T，选择【渐变色】选项卡，设置【颜色 1】为颜色 40，【颜色 2】为颜色 41，设置【透明度】为 44，如图 6-55 所示。

步骤 06　单击确定卧室内部拾取点，填充渐变色，按空格键确认，如图 6-56 所示。

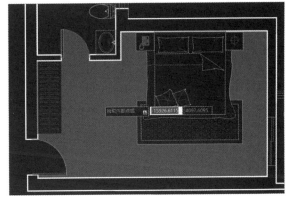

图 6-55　设置参数　　　　　　　　　　　　图 6-56　拾取内部点

步骤 07　按空格键重复填充命令，输入子命令【设置】T，选择【渐变色】选项卡，设置【颜色 1】为颜色 40，【颜色 2】为颜色 41，设置【透明度】为 59，单击确定阳台内部拾取点，填充渐变色，按空格键确认，如图 6-57 所示。

步骤 08　输入【填充】命令 H，输入子命令【设置】T，选择图案【ANGLE】，输入【比例】为 30，【透明度】为 39，如图 6-58 所示。

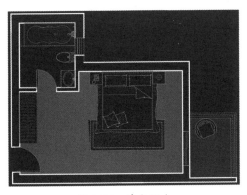

图 6-57　填充阳台　　　　　　　　　　　　图 6-58　设置参数

步骤 09　单击确定卫生间内部拾取点，填充瓷砖图案，按空格键确认，如图 6-59 所示。

步骤 10　按空格键重复填充命令，输入子命令【设置】T，选择图案【DOLMIT】，设置【透明度】为 57，如图 6-60 所示。

步骤 11　单击确定卧室内部拾取点，填充地板图案，按空格键确认，如图 6-61 所示。

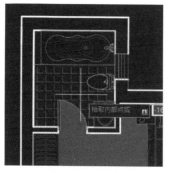

图 6-59　填充图案

图 6-60　设置参数

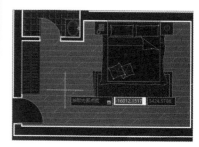

图 6-61　填充图案

步骤 12　按空格键重复填充命令，输入子命令【设置】T，输入【角度】为90，如图6-62所示。

步骤 13　单击确定阳台内部拾取点，填充地板图案，按空格键确认，完成卧室地面的铺装填充，效果如图6-63所示。

图 6-62　设置参数

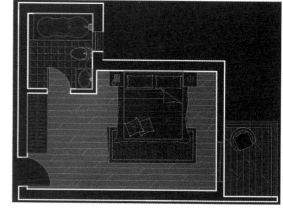

图 6-63　最终效果

6.3　更改对象特性

对象特性主要指图形对象的颜色、线型、线宽等内容，可以根据需要进行修改，下面分别进行介绍。

6.3.1　修改对象的颜色

设置线条颜色可以快速区分对象，并可以直观地将对象编组，具体操作步骤如下。

步骤 01　打开"素材文件 \ 第 6 章 \6-3-1.dwg"，框选需要修改颜色的对象，如图 6-64 所示。

步骤 02 显示所选对象在【门窗线】图层，默认颜色为青色，在【特性】面板的【对象颜色】下拉面板中单击【绿】，所选对象即显示为绿色，如图 6-65 所示。

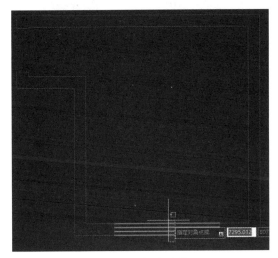

图 6-64　框选对象

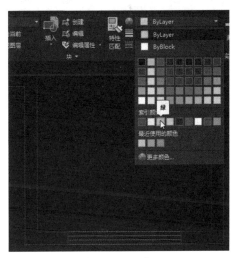

图 6-65　【对象颜色】下拉面板

步骤 03 在对象上双击，打开快捷特性面板，单击【颜色】下拉按钮，在下拉列表中选择【蓝】，如图 6-66 所示。

步骤 04 所选对象显示为蓝色，单击【关闭】按钮关闭快捷特性面板，如图 6-67 所示。

图 6-66　选择颜色

图 6-67　关闭快捷特性面板

6.3.2　修改对象的线宽

在一个文件中，当图形对象的线型相同，但表示的对象不同时，可以给不同的对象设置不同的线宽，方便对象的识别和查看，具体操作步骤如下。

步骤 01 打开"素材文件 \ 第 6 章 \6-3-2.dwg"，框选需要修改线宽的对象，单击【线宽】下拉按钮，单击【0.30 毫米】，所选对象没有变化，如图 6-68 所示。

步骤 02 在辅助工具栏中单击【显示 / 隐藏线宽】按钮▤，显示线宽，效果如图 6-69 所示。

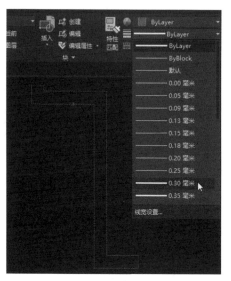

图 6-68　选择对象并设置线宽

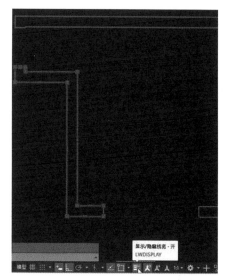

图 6-69　单击【显示 / 隐藏线宽】按钮

> 技能拓展
>
> 若辅助工具栏中没有【显示 / 隐藏线宽】按钮，单击最右侧的【自定义】按钮▤，在弹出的列表中勾选【线宽】即可。

6.3.3　修改对象的线型

当文件中的图形对象过多时，可以对线型进行设置，将对象区别开来，具体操作步骤如下。

步骤 01 打开"素材文件 \ 第 6 章 \6-3-3.dwg"，框选需要修改线型的对象，单击【线型】下拉按钮，选择【CENTERX2】线型，如图 6-70 所示。

步骤 02 输入命令【LT】，打开【线型管理器】对话框，单击【显示细节】按钮，如图 6-71所示。

图 6-70　选择线型

图 6-71　【线型管理器】对话框

步骤 03 在【详细信息】区域中设置【全局比例因子】为 5，单击【确定】按钮，如图 6-72

所示。

步骤 04　修改后的线型显示效果如图 6-73 所示。

图 6-72　设置【全局比例因子】　　　　图 6-73　显示效果

步骤 05　在对象上双击，打开快捷特性面板，单击【线型】下拉按钮，在下拉列表中选择【ByLayer】，也可以修改线型，如图 6-74 所示。

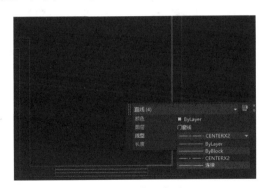

图 6-74　修改线型

6.4　特性匹配

特性匹配就是将选定对象的特性应用到其他对象，特性包括对象的颜色、线型、线宽等内容。

6.4.1　匹配所有特性

匹配所有特性是将一个对象的所有特性匹配到其他对象，可以匹配的特性包括颜色、图层、线型、线型比例、线宽、打印样式和三维厚度，具体操作步骤如下。

步骤 01　分别绘制任意大小的矩形和圆，然后修改圆的【线宽】为 0.60mm，【线型】为 ACAD_ISO02W100，如图 6-75 所示。

步骤 02　输入【特性匹配】命令 MA，单击选择圆为源对象，如图 6-76 所示。

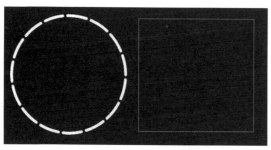
图 6-75　修改圆的线宽、线型

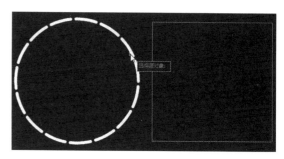
图 6-76　选择源对象

步骤 03　单击选择矩形为目标对象，如图 6-77 所示，按空格键确认即可完成特性匹配。

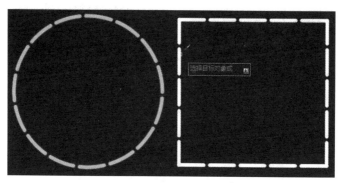
图 6-77　选择目标对象

6.4.2　匹配指定特性

默认情况下，所有可应用的特性都会自动从源对象匹配到目标对象。如果不希望匹配源对象的某个特性，可以通过【设置】取消这个特性。例如，不想匹配【线宽】特性，具体操作步骤如下。

步骤 01　分别绘制任意大小的矩形和圆，设置圆的【线宽】为 0.60mm，【线型】为 ACAD_ ISO02W100，输入【特性匹配】命令 MA，单击选择圆为源对象，如图 6-78 所示。

步骤 02　输入子命令【设置】S，按空格键确认，如图 6-79 所示。

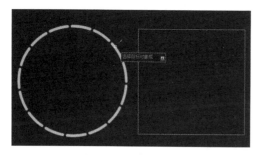
图 6-78　选择源对象

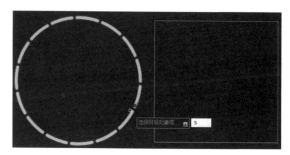
图 6-79　输入子命令【设置】S

步骤 03 打开【特性设置】对话框，取消勾选【线宽】，单击【确定】按钮，如图6-80所示。

步骤 04 单击选择目标对象，如图6-81所示。按空格键结束特性匹配命令。

图 6-80 【特性设置】对话框

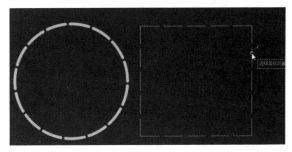

图 6-81 选择目标对象

课堂问答

通过本章的讲解，读者可以掌握创建图案填充、编辑图案填充、更改对象特性和特性匹配的方法，下面列出一些常见的问题供学习参考。

问题 1：如何编辑关联图案？

答：关联图案的特点是图案填充区域与填充边界互相关联，边界发生变化时，图案填充区域随之自动更新；用编辑命令修改填充边界后，如果填充边界仍然闭合，则图案填充区域自动更新，并保持关联；如果边界不再闭合，则关联性消失，具体操作步骤如下。

步骤 01 绘制图形，在【图案填充和渐变色】对话框中勾选【关联】选项，填充左侧对象；取消勾选【关联】选项，填充右侧对象，如图6-82所示。

步骤 02 单击选择左侧对象，单击并移动对象夹点，如图6-83所示。

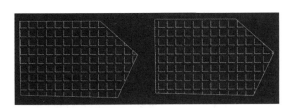

图 6-82 填充对象

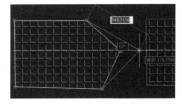

图 6-83 移动夹点

步骤 03 至适当位置时单击确定夹点新位置，可以看到填充内容随边界变化而变化，如图6-84所示。

步骤 04 单击选择右侧对象，单击并移动对象夹点，至适当位置时单击确定夹点新位置，如图6-85所示。

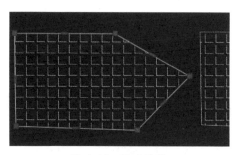

图 6-84　显示效果

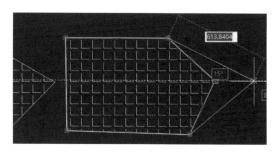

图 6-85　移动夹点

步骤 05　可以看到填充内容与边界无关联，不会随边界变化而变化，按【Esc】键退出夹点编辑，如图 6-86 所示。

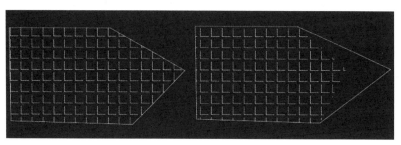

图 6-86　显示效果

问题 2：如何调整图案填充透明度？

进行图案填充后，如果需要让填充的图案看起来不那么明显，可以通过降低透明度调整图案填充的显示效果，具体操作步骤如下。

步骤 01　绘制并填充图形，如图 6-87 所示。

步骤 02　单击选择填充内容，输入【图案填充透明度】为"80"，如图 6-88 所示。按空格键确认，效果如图 6-89 所示。

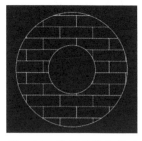

图 6-87　绘制并填充图形

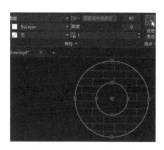

图 6-88　输入透明度

图 6-89　显示效果

为了帮助读者巩固本章知识点，下面讲解两个综合案例，使读者对本章的知识有更深入的了解。

上机实战——绘制地面石材拼花

效果展示

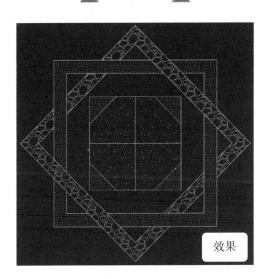

效果

思路分析

本例首先使用基本绘图工具绘制出地面石材拼花的图案轮廓，然后填充图案，完成地面石材拼花的绘制。

制作步骤

步骤 01　使用【矩形】命令 REC 绘制一个长为 2500，宽为 2500 的矩形，使用【偏移】命令 O 将矩形向内偏移 200，如图 6-90 所示。

步骤 02　继续使用【偏移】命令 O 将内侧矩形向内偏移 350，如图 6-91 所示。

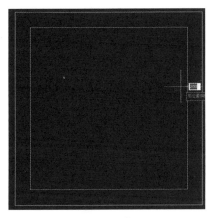

图 6-90　偏移矩形

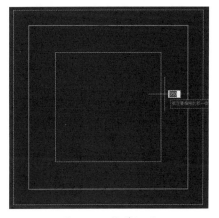

图 6-91　偏移矩形

步骤 03　使用【复制】命令 CO 复制图形，如图 6-92 所示。

步骤 04 使用【旋转】命令 RO 将复制后的图形旋转 45°，如图 6-93 所示。

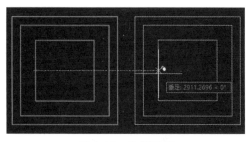

图 6-92 复制图形

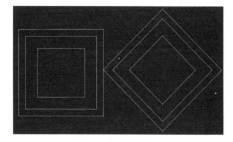

图 6-93 旋转图形

步骤 05 使用【直线】命令 L 绘制中线和对角线，如图 6-94 所示。

步骤 06 使用【移动】命令 M 将两图形的中点重合，如图 6-95 所示。

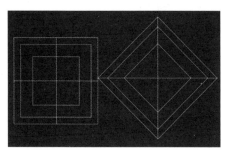

图 6-94 绘制中线和对角线

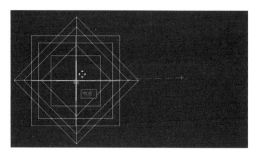

图 6-95 移动图形

步骤 07 使用【修剪】命令 TR 修剪图形，修剪效果如图 6-96 所示。

步骤 08 执行【填充】命令 H，输入子命令 T，选择图案【EARTH】，设置图案填充【颜色】为 8，【比例】为 15，如图 6-97 所示。

图 6-96 修剪图形

图 6-97 设置参数

步骤 09 输入子命令 K 依次拾取正矩形内部点，填充图案，按空格键结束命令，效果如图 6-98 所示。

步骤 10 按空格键重复【填充】命令，选择图案【GRAVEL】，设置图案填充【颜色】为青色，【比例】为 10，如图 6-99 所示。

图 6-98 填充图案

图 6-99 设置参数

步骤 11 依次拾取倾斜矩形的内部点，填充图案，按空格键结束命令，如图 6-100 所示。

步骤 12 按空格键重复【填充】命令，选择图案【AR-SAND】，设置图案填充【颜色】为白色，【比例】为 4，如图 6-101 所示。

图 6-100 填充图案

图 6-101 设置参数

步骤 13 依次拾取内部点，填充图案，按空格键结束命令，效果如图 6-102 所示。

步骤 14 使用同样的方法填充图案，选择图案【EARTH】，【颜色】为 8，【比例】为 15，效果如图 6-103 所示。

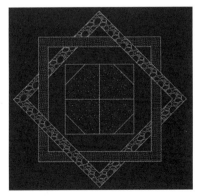

图 6-102 填充图案

图 6-103 填充图案

⊕ **同步训练——绘制电视背景墙**

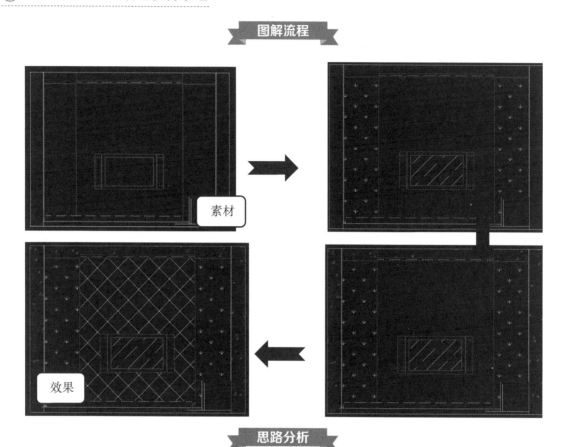

素材

效果

思路分析

本例主要讲解使用图案填充绘制电视背景墙的方法。首先打开原始素材，设置图案填充的内容，然后选择需要填充的区域，完成图案填充，并对不完善的地方进行相应修改，完成电视背景墙的绘制。

关键步骤

步骤 01 打开"素材文件 \ 第 6 章 \ 电视背景墙 .dwg"，输入【填充】命令 H，按空格键，输入子命令 T，选择图案【AR-SAND】，如图 6-104 所示。

步骤 02 选择填充区域，按空格键确认，如图 6-105 所示。

图 6-104　选择图案

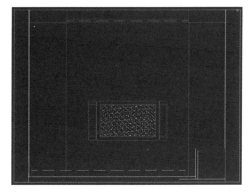

图 6-105　选择填充区域

步骤 03　按空格键激活填充命令，选择图案【GRASS】，填充左侧和右侧的墙面，按空格键，如图 6-106 所示。

步骤 04　单击已经填充完毕的墙面图案，在【图案填充编辑器】下将【比例】修改为 10，如图 6-107 所示。

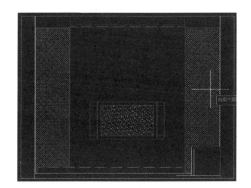

图 6-106　填充图案

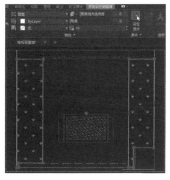

图 6-107　修改比例

步骤 05　执行【填充】命令 H，输入子命令 T，选择图案【AR-CONC】，输入【比例】为 2，单击选择填充区域，效果如图 6-108 所示。

步骤 06　单击上一步中填充的区域，单击【图案填充颜色】下拉按钮，选择【绿】色，如图 6-109 所示。

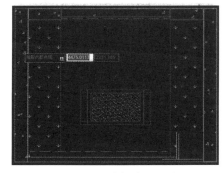

图 6-108　选择填充区域

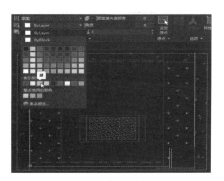

图 6-109　选择填充颜色

步骤 07 双击选择电视屏幕区域，将【比例】修改为300，单击图案名右侧按钮■，选择图案【JIS-STN-1E】，如图6-110所示，然后关闭快捷属性面板。

步骤 08 输入【填充】命令H，输入子命令T，选择图案【NET】，输入【比例】为80，【角度】为45，单击【添加：拾取点】按钮，如图6-111所示。

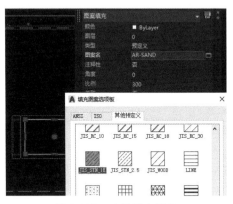

图 6-110 选择填充图案

图 6-111 设置填充参数

步骤 09 在背景墙区域单击，按空格键确认，最终效果如图6-112所示。

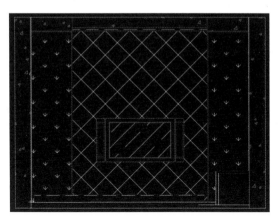

图 6-112 最终效果

📝 知识能力测试

一、填空题

1. 孤岛显示样式有 _____、_____、_____ 三种。

2. 在执行 AutoCAD 命令时，在命令前添加一个 _____ 符号，该命令即为命令行模式，否则为对话框模式。

3. 在 AutoCAD 2020 中渐变色填充有 _____ 种颜色效果。

二、选择题

1. 存在于一个大的封闭区域中的一个独立的小区域称为（　　）。

A. 面域　　　　　　　B. 孤岛　　　　　　　C. 创建的边界　　　　D. 选择集

2. 【填充】的快捷命令是（　　）。

A. A　　　　　　　　B. B　　　　　　　　C. H　　　　　　　　D. S

3. 在 AutoCAD 中绘图时用户可用的线型（　　）。

A. 只有实线　　　　　　　　　　　　　B. 有实线、中心线和虚线

C. 有各种线型，无须调入　　　　　　　D. 有各种线型，需要调入

三、简答题

1. 【添加：拾取点】和【添加：选择对象】两个按钮的区别是什么？

2. 在【对象特性】工具栏里设置了线宽，但绘制出来的对象的线宽都相同，是什么原因？

AutoCAD
2020

第7章
尺寸标注与查询

尺寸标注是绘图中非常重要的内容。图形的尺寸和角度能准确地反映物体的形状、大小和相互关系，是识别图形和现场施工的主要依据。完成图形的初步绘制后，就需要运用查询命令对图形的相关内容进行补充完善。本章将介绍标注和查询的相关知识与应用。

学习目标

- 掌握标注样式相关操作
- 掌握标注图形尺寸的方法
- 掌握快速连续标注的方法
- 掌握编辑标注的方法
- 掌握查询的方法

7.1 标注样式相关操作

图形的尺寸和角度能准确地反映物体的形状、大小和相互关系，是识别图形和现场施工的主要依据。标注是图形中的测量注释，用户可以为各种图形沿各个方向创建标注。

7.1.1 标注的基本元素

一个完整的尺寸标注由尺寸界线、尺寸线、尺寸文本、尺寸箭头几个部分组成，如图 7-1 所示，相关介绍如表 7-1 所示。

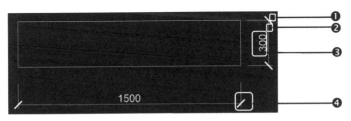

图 7-1 标注的基本元素

表 7-1 标注的基本元素简介

名称	简介
❶尺寸界线	标明尺寸的边界，用细实线绘制
❷尺寸线	通常与所标注的对象平行，位于两尺寸界线之间，用于指示标注的方向和范围。角度标注的尺寸线是一段圆弧
❸尺寸文本	通常位于尺寸线上方或中间处，是用于指示测量值的文本字符串。尺寸文本中可以包含前缀、后缀和公差。在进行尺寸标注时，AutoCAD 会自动生成所标注图形对象的尺寸数值，用户也可以对尺寸文本进行修改
❹尺寸箭头	也称为终止符号，显示在尺寸线两端，用于表明尺寸线的起止位置，AutoCAD 默认使用闭合的填充箭头作为尺寸箭头。此外，程序还提供了多种箭头符号，以满足不同行业的需求，如建筑标注、点、斜线箭头等，箭头大小也可以进行修改

7.1.2 创建及修改标注样式

进行尺寸标注之前需要先创建标注样式。标注样式可以控制标注的格式和外观，用户可以在标注样式管理器中设置标注样式，具体操作步骤如下。

步骤01 输入【标注样式】命令 D，打开【标注样式管理器】对话框，单击【新建】按钮，如图 7-2 所示。

AutoCAD 默认的标注样式是 ISO-25，用户可以根据相关规定及所标注图形的具体需求，对标注样式进行设置，实际绘图时可以根据需要创建新的标注样式。

步骤 02 弹出【创建新标注样式】对话框，输入【新样式名】，如"建筑装饰"，选择【基础样式】，如【ISO-25】，选择用于【所有标注】，单击【继续】按钮，如图 7-3 所示。

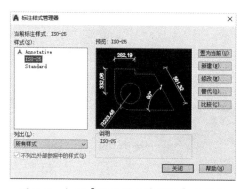

图 7-2　打开【标注样式管理器】对话框　　　　图 7-3　单击【继续】按钮

步骤 03 弹出【新建标注样式：建筑装饰】对话框，如图 7-4 所示，根据需要进行设置即可。

温馨
提示　如果对当前样式不满意，可以对标注样式进行修改，修改后所有使用该样式的标注均可自动更新。

步骤 04 如果要修改已有样式，可以在【标注样式管理器】的【样式】列表中选择要修改的样式，然后单击【修改】按钮，如图 7-5 所示。

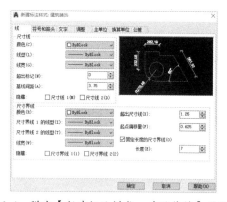

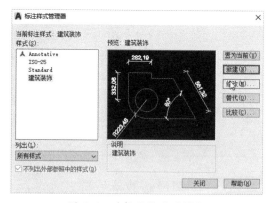

图 7-4　弹出【新建标注样式：建筑装饰】对话框　　　图 7-5　选择要修改的样式

课堂范例——修改"建筑装饰"标注样式

步骤 01 接 7.1.2 节案例，输入命令【D】并按空格键，打开【标注样式管理器】对话框，选择创建的样式，单击【修改】按钮，打开【修改标注样式：建筑装饰】对话框，单击【线】选项卡，勾选【固定长度的尺寸界线】复选框，设置【长度】为 10，如图 7-6 所示。

步骤 02　单击【符号和箭头】选项卡，设置两个箭头均为【建筑标记】，如图 7-7 所示。

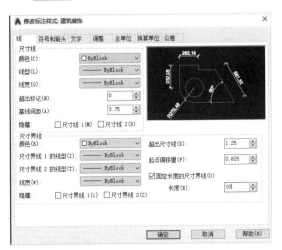

图 7-6　固定尺寸界线长度

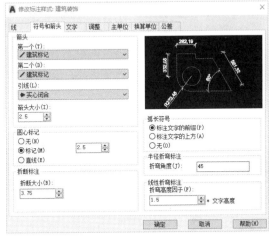

图 7-7　设置箭头样式

步骤 03　单击【文字】选项卡，将【文字对齐】设置为【ISO 标准】，如图 7-8 所示。

步骤 04　单击【调整】选项卡，设置【使用全局比例】为 50，如图 7-9 所示。

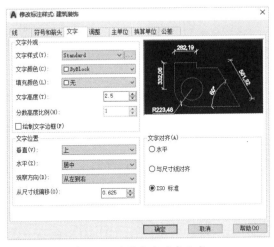

图 7-8　设置文字对齐方式

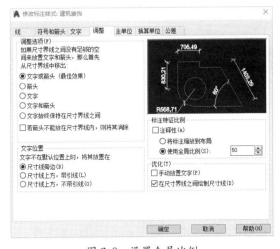

图 7-9　设置全局比例

步骤 05　单击【主单位】选项卡，设置【精度】为 0，如图 7-10 所示。单击【确定】按钮。

步骤 06　单击【关闭】按钮，适用于打印比例为 1:50 的"建筑装饰"标注样式设置完毕，如图 7-11 所示。

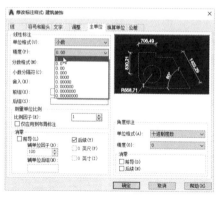

图 7-10 设置精度

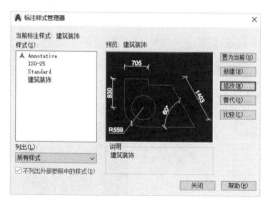

图 7-11 标注样式设置完毕

温馨
提示

【标注样式管理器】中的【修改】表示修改后所有标注样式都会改变；而【替代】表示只修改将来要标注的样式。

7.2 标注图形尺寸

尺寸标注是 AutoCAD 中非常重要的内容。通过对图形尺寸进行标注，可以准确地反映图形中各对象的大小和位置。尺寸标注给出了图形的真实尺寸，为零件的生产加工提供了依据。

7.2.1 线性标注

使用【线性标注】命令 DIMLINEAR 可以标注长度类型的尺寸，具体操作步骤如下。

步骤 01 绘制一个矩形，输入命令【D】并按空格键；选择【建筑装饰】样式，单击【置为当前】按钮，单击【关闭】按钮，如图 7-12 所示。

步骤 02 输入【线性标注】命令 DLI，指定矩形上方两个端点为尺寸线的起止点，如图 7-13 所示。

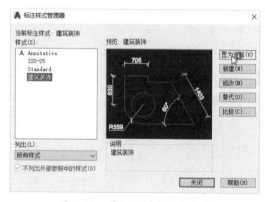

图 7-12 将标注样式置为当前

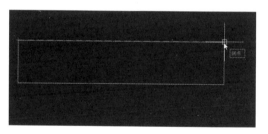

图 7-13 指定尺寸线的起止点

步骤 03 将十字光标向上移动，单击指定尺寸线的位置，如图 7-14 所示。

步骤 04 使用同样的方法添加矩形右侧的尺寸标注，如图 7-15 所示。

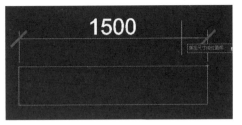

图 7-14 指定尺寸线的位置

图 7-15 添加尺寸标注

技能
拓展
　　【线性标注】是基于选择的三个点来创建的，即该尺寸标注的【起始点】【终止点】和【尺寸线位置】。【线性标注】中的起始点和终止点确定标注对象的长度，而【尺寸线位置】确定尺寸线和标注对象之间的距离，当命令行提示【指定尺寸线位置或】时，可以直接输入具体数值，以使各尺寸线整齐、美观。

7.2.2 对齐标注

　　当要标注一个非正交的线性对象时，需要使用【对齐标注】，【对齐标注】的尺寸线总是平行于标注对象，具体操作步骤如下。

步骤 01 绘制一个三角形，输入【对齐标注】命令 DAL，单击【已对齐】命令，单击指定尺寸线的起止点，如图 7-16 所示。

步骤 02 移动十字光标，单击指定尺寸线的位置，如图 7-17 所示。

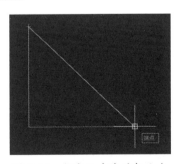

图 7-16 指定尺寸线的起止点

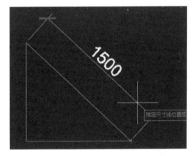

图 7-17 指定尺寸线的位置

温馨
提示
　　【线性标注】用于标注两个点之间的水平距离或竖直距离；【对齐标注】用于标注两个点之间的直线距离。

7.2.3　半径标注

【半径标注】命令 DIMRADIUS 用于标注圆或圆弧的半径，半径标注是一条具有指向圆或圆弧的箭头的半径尺寸线。半径标注的具体操作步骤如下。

步骤 01 绘制两个不同大小的同心圆，输入【半径标注】命令 DRA，单击【半径】命令，单击选择大圆，如图 7-18 所示。

步骤 02 单击指定尺寸线位置，如图 7-19 所示。

步骤 03 按空格键重复【半径标注】命令，单击选择小圆，单击指定尺寸线位置，如图 7-20 所示。

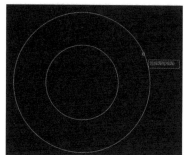 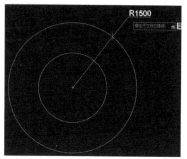 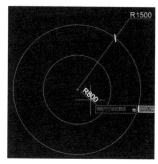

图 7-18　选择大圆　　　　　　图 7-19　指定尺寸线位置　　　　　图 7-20　标注另一个圆

7.2.4　角度标注

使用【角度标注】命令 DIMANGULAR 可以标注直线之间的夹角，也可以标注圆弧所包含的弧度，具体操作步骤如下。

步骤 01 绘制两条直线，输入【角度标注】命令 DAN，单击选择其中一条直线，如图 7-21 所示。

步骤 02 单击选择第二条直线，移动十字光标，单击指定标注弧线位置，如图 7-22 所示。

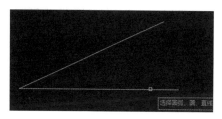 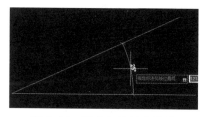

图 7-21　选择一条直线　　　　　　　图 7-22　指定标注弧线位置

步骤 03 绘制圆弧，输入【角度标注】命令 DAN，单击选择圆弧，如图 7-23 所示。

步骤 04 移动十字光标，单击指定标注弧线位置，如图 7-24 所示。

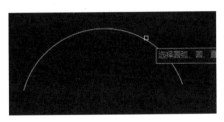

图 7-23 选择圆弧

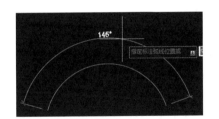

图 7-24 指定标注弧线位置

课堂范例——创建公差标注

步骤 01 输入【公差】命令 TOL，打开【形位公差】对话框，如图 7-25 所示。

步骤 02 在对话框中的【符号】框内单击，弹出【特征符号】对话框，如图 7-26 所示。

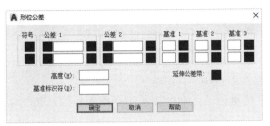

图 7-25 打开【形位公差】对话框

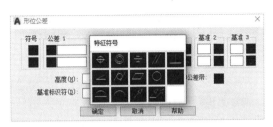

图 7-26 弹出【特征符号】对话框

步骤 03 单击选择符号，在【公差 1】下的文本框中输入公差参数，如图 7-27 所示，单击【确定】按钮。

步骤 04 在绘图区域中的适当位置单击指定公差标注位置，如图 7-28 所示。

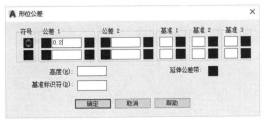

图 7-27 输入公差参数

图 7-28 指定公差标注位置

7.3 快速连续标注

在 AutoCAD 中，有时需要创建一系列相互关联的标注。在这种情况下，可以使用连续标注、基线标注和快速标注等标注方法对图形进行标注。

7.3.1 连续标注

【连续标注】命令 DIMCONTINUE 用于标注同一方向上连续的线性或角度尺寸，该命令从上一个标注或选定标注的第二条尺寸界线处创建新的线性、角度或坐标的连续标注，具体操作步骤如下。

步骤 01 绘制图形并创建线性标注，如图 7-29 所示。

步骤 02 输入【连续标注】命令 DCO，单击指定第二个尺寸界线原点，如图 7-30 所示。

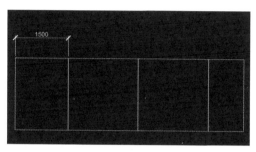

图 7-29 创建线性标注

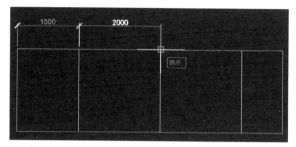

图 7-30 指定第二个尺寸界线原点

步骤 03 单击指定下一个尺寸界线原点，如图 7-31 所示。

步骤 04 单击指定下一个尺寸界线原点，按空格键确认，命令提示选择连续标注，按空格键结束连续标注命令，如图 7-32 所示。

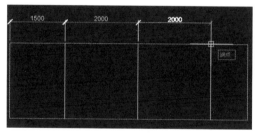

图 7-31 指定下一个尺寸界线原点

图 7-32 结束连续标注命令

7.3.2 基线标注

【基线标注】命令 DIMBASELINE 是从上一个标注或选定标注的基线处创建线性标注、角度标注或坐标标注。因此，在进行基线标注之前，需要指定一个线性标注，以确定基线标注的基准点，具体操作步骤如下。

步骤 01 绘制图形并创建线性标注，输入【基线标注】命令 DBA，单击选择基准标注，如图 7-33 所示。

步骤 02　单击指定第二个尺寸界线原点，如图 7-34 所示。

图 7-33　选择基准标注

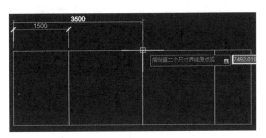

图 7-34　指定第二个尺寸界线原点

步骤 03　单击指定下一个尺寸界线原点，如图 7-35 所示。

步骤 04　单击指定下一个尺寸界线原点，按空格键结束基线标注命令，如图 7-36 所示。

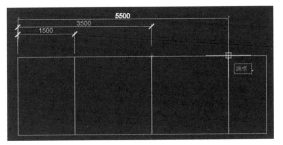

图 7-35　指定下一个尺寸界线原点

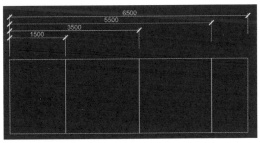

图 7-36　结束基线标注命令

技能拓展

【基线标注】和【连续标注】非常相似，都必须在已有标注上开始创建标注。【基线标注】是将已有标注的起始点作为基准起始点创建标注，此基准点是不变的；而【连续标注】是将已有标注的终止点作为下一个标注的起始点，以此类推。

7.3.3　快速标注

利用【快速标注】功能可以一次标注多个对象。可以使用【快速标注】创建基线标注、连续标注和坐标标注，也可以对多个圆或圆弧进行标注，具体操作步骤如下。

步骤 01　绘制图形，设置标注样式，输入【快速标注】命令 QDIM，单击选择要标注的对象，按空格键确认，如图 7-37 所示。

步骤 02　单击指定标注位置，如图 7-38 所示。

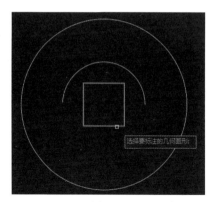

图 7-37 选择要标注的对象

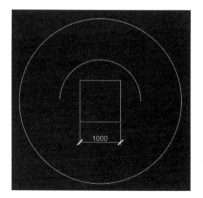

图 7-38 指定标注位置

步骤 03 按空格键激活快速标注命令，选择圆弧和圆，如图 7-39 所示。

步骤 04 按空格键确认，单击指定尺寸线的位置，完成所选对象的标注，如图 7-40 所示。

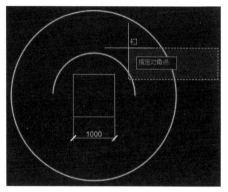

图 7-39 选择圆弧和圆

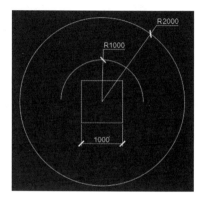

图 7-40 完成标注

7.4 编辑标注

在图形上创建的标注可能需要进行多次编辑。编辑标注可以确保尺寸界线或尺寸线不遮挡任何对象，可以重新放置标注文字，也可以调整标注的位置，使图形上的标注均匀分布。

7.4.1 翻转尺寸箭头

有时需要将尺寸箭头置于尺寸界线以外，使箭头指向内部，如在空间相对狭小的位置标注，具体操作步骤如下。

步骤 01 选择一个标注，然后将鼠标指针放置在尺寸箭头旁边的夹点上，弹出夹点菜单，如图 7-41 所示。

步骤 02 按 3 次【Ctrl】键即可翻转尺寸箭头，如图 7-42 所示。

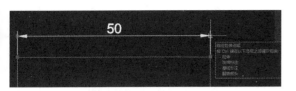

图 7-41 夹点菜单

图 7-42 显示效果

7.4.2 使用【特性】选项板编辑标注

使用【特性】选项板编辑标注和编辑其他对象特性一样，具体操作步骤如下。

步骤 01 选择标注并按快捷键【Ctrl+1】，打开【特性】选项板，即可看到可编辑的标注特性，单击颜色下拉按钮，选择【绿】，标注的颜色显示为绿色，如图 7-43 所示。

步骤 02 设置【箭头 1】【箭头 2】为"建筑标记"，【箭头大小】为"5"，如图 7-44 所示。

图 7-43 打开【特性】选项板设置颜色

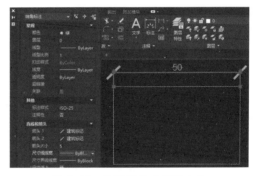

图 7-44 设置箭头类型及大小

步骤 03 设置【尺寸线范围】为"5"，如图 7-45 所示。

步骤 04 设置【文字高度】为"5"，如图 7-46 所示。

图 7-45 设置尺寸线范围

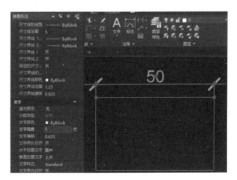

图 7-46 设置文字高度

7.4.3 使用夹点编辑标注

在 AutoCAD 中不仅可以使用夹点编辑对象，还可以使用夹点编辑尺寸标注，具体操作步骤如下。

步骤 01 绘制矩形，设置标注样式并创建线性标注，选择线性标注右侧尺寸界线的夹点，如图 7-47 所示。

步骤 02 向左移动鼠标指针，将夹点移动至适当位置单击，如图 7-48 所示。

图 7-47　选择夹点　　　　　　　　　　　　图 7-48　移动夹点

步骤 03 选择线性标注左侧尺寸界线的夹点，如图 7-49 所示。

步骤 04 向上移动鼠标指针，将夹点移动至适当位置单击，如图 7-50 所示。

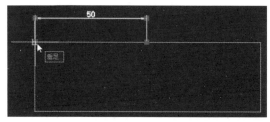
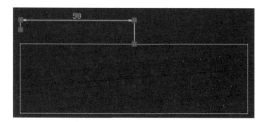

图 7-49　选择夹点　　　　　　　　　　　　图 7-50　移动夹点

步骤 05 选择线性标注右侧尺寸箭头夹点，向上移动鼠标指针，至适当位置单击，如图 7-51 所示。

步骤 06 指向文字夹点，弹出可操作的快捷菜单，如图 7-52 所示。

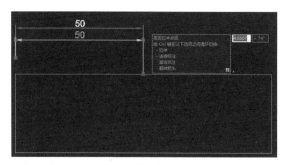
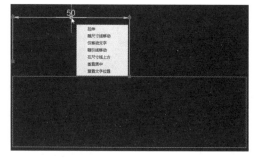

图 7-51　选择并移动夹点　　　　　　　　　图 7-52　指向文字夹点

步骤 07 选择文字夹点，如图 7-53 所示。

步骤 08 移动鼠标指针，单击指定文字位置，如图 7-54 所示。

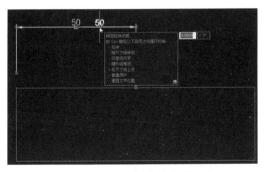

图 7-53　选择文字夹点

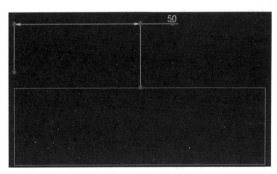

图 7-54　指定文字位置

温馨提示　【径向型】尺寸标注有且只有三个夹点，通过夹点可以更改直径或半径的值，也可以调整标注文字的位置。不同类型的标注，其夹点的位置和作用也会有差别。

7.5　查询

　　使用 AutoCAD 提供的查询功能可以对图形的属性进行分析与查询，如查询点的坐标、两个对象之间的距离、图形的面积与周长、线段间夹角的角度等。

7.5.1　距离查询

　　【距离查询】命令 DIST 用于查询图形中两个点之间的距离和角度，具体操作步骤如下。

步骤 01　绘制图形，输入【距离查询】命令 DI，单击指定矩形左上角点为第一点，如图 7-55 所示。

步骤 02　单击指定矩形右上角点为第二点，即可查询第一点至第二点的距离，如图 7-56 所示。

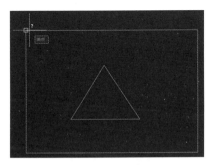

图 7-55　指定第一点

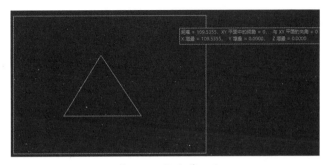

图 7-56　指定第二点

7.5.2 快速测量

步骤 01 输入【快速测量】命令 MEA，在图形上移动鼠标指针，即可快速测量图形的距离和半径等，如图 7-57 所示。

步骤 02 输入子命令 R，选择圆，即可测量其半径，如图 7-58 所示。

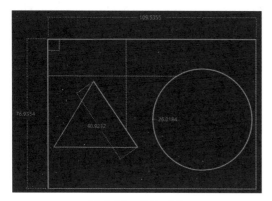

图 7-57 快速测量

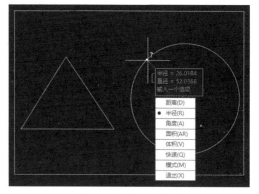

图 7-58 输入子命令

步骤 03 输入子命令 A，选择对象上构成角的第一条直线，如图 7-59 所示，选择对象上构成角的第二条直线，如图 7-60 所示，即可测量角度，如图 7-61 所示。

图 7-59 选择构成角的第一条直线

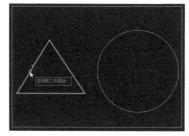

图 7-60 选择构成角的第二条直线

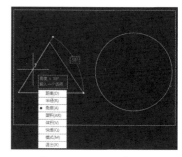

图 7-61 显示测量结果

7.5.3 列表显示

查询命令中的【列表显示】命令 LIST 用于将当前所选对象的各种信息以文本窗口的形式显示，供用户查看，具体操作步骤如下。

步骤 01 打开"素材文件 \ 第 7 章 \7-5-3.dwg"，使用【多段线】命令 PL 沿对象边缘绘制一条封闭的多段线，如图 7-62 所示。

步骤 02 输入【列表显示】命令 LI，按空格键确认；单击选择绘制的多段线，按空格键，然后按【F2】键，显示所选对象的信息，如图 7-63 所示。

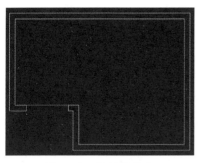

图 7-62　绘制多段线

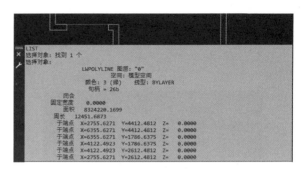

图 7-63　显示信息

课堂问答

通过本章的讲解，读者可以掌握设置标注样式、标注图形尺寸、快速连续标注、编辑标注和查询等操作，下面列出一些常见的问题供学习参考。

问题1：如何使用直径标注？

答：输入【直径标注】命令 DDI，选择圆或圆弧对象即可。

问题2：如何使用引线标注？

【引线标注】命令 LEADER 用于快速创建引线标注和引线注释。引线是一条连接注释与特征的线，通常和公差标注一起用于标注机械设计中的形位公差，也常用于标注建筑装饰设计中的材料工艺等内容。使用引线标注的具体操作步骤如下。

步骤01　打开"素材文件\第7章\问题2.dwg"，输入【引线标注】命令 LE，按空格键，单击指定第一个引线点，如图 7-64 所示。

步骤02　单击指定下一点，按空格键确认，根据提示指定【文字宽度】，如"100"，按空格键确认，如图 7-65 所示。

步骤03　输入注释文字，如"踢脚线"，按空格键两次结束【引线标注】命令，如图 7-66 所示。

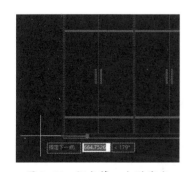

图 7-64　指定第一个引线点

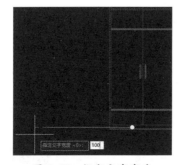

图 7-65　指定文字宽度

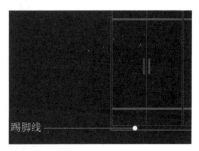

图 7-66　完成引线标注

步骤04　复制两个引线标注，在其中一个引线标注的文字上双击，输入"砂银色带条"，在空白处单击；双击另一个引线标注文字，输入"白瓷漆饰面"，在空白处单击，如图 7-67 所示。

步骤05 输入【引线标注】命令 LE，按空格键，在顶层柜门上单击指定第一个引线点，向上追踪竖直线并单击指定下一点，向右追踪水平线继续单击指定下一点，如图 7-86 所示。

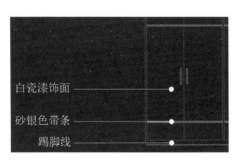

图 7-67 输入文字内容

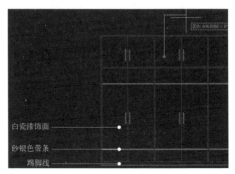

图 7-68 单击指定下一点

步骤06 输入文字高度"100"，按空格键确认，输入文字"白瓷漆饰面"，按【Enter】键结束【引线标注】命令，如图 7-69 所示。

步骤07 选择创建的引线标注，复制两个，修改标注文字，如图 7-70 所示。

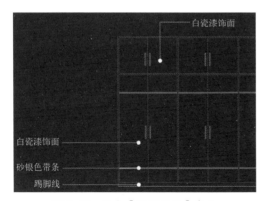

图 7-69 结束【引线标注】命令

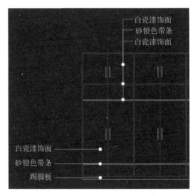

图 7-70 修改标注文字

步骤08 使用同样的方法创建其他引线标注，如图 7-71 所示。

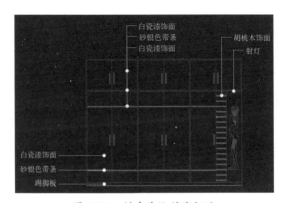

图 7-71 创建其他引线标注

在使用引线标注时，可以输入子命令【设置】S，按空格键，弹出【引线设置】对话框，对话框中有【注释】
【引线和箭头】【附着】三个选项卡，可以对其中的内容进行相应的设置。

问题 3：如何查询面积和周长？

答：可以使用【面积查询】命令 AREA 查询区域的面积和周长。在使用此命令查询区域的面
积和周长时，需要依次指定构成区域的角点，具体操作步骤如下。

步骤 01 打开"素材文件 \ 第 7 章 \ 问题 3.dwg"，输入【面积查询】命令 AA，直接按空格
键选择对象，如图 7-72 所示。

步骤 02 按空格键显示所选区域的面积和周长，如图 7-73 所示。

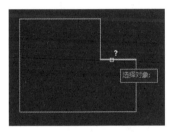

图 7-72　选择对象

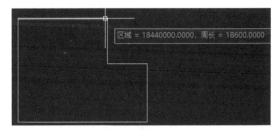

图 7-73　显示面积和周长

为了帮助读者巩固本章知识点，下面讲解两个综合案例，使读者对本章的知识有更深入的了解。

上机实战——标注机器零件

效果展示

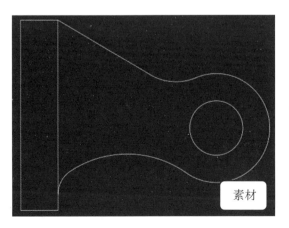

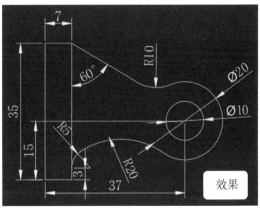

思路分析

机械标注和电气标注、建筑标注有很多不同，关于角度、公差、折弯、直径和半径的标注点更多。

本例首先打开素材文件，使用线性标注创建左侧的尺寸标注，然后创建半径和直径标注，最后创建角度标注，补充图中的其他标注，得到最终效果。

制作步骤

步骤 01　打开"素材文件 \ 第 7 章 \ 机器零件 .dwg"，输入【线性标注】命令 DLI，创建左侧尺寸标注，如图 7-74 所示。

步骤 02　输入【半径标注】命令 DRA，单击选择圆弧，创建半径标注，如图 7-75 所示。

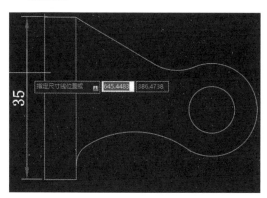 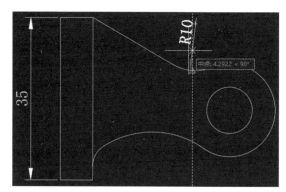

图 7-74　创建左侧尺寸标注　　　　　　　　　图 7-75　创建半径标注

步骤 03　输入【直径标注】命令 DDI，单击选择圆弧，创建直径标注，如图 7-76 所示。

步骤 04　输入【角度标注】命令 DAN，单击选择直线，单击指定第二条直线，创建角度标注，如图 7-77 所示。

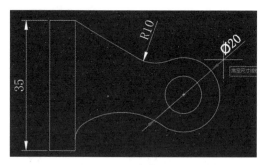 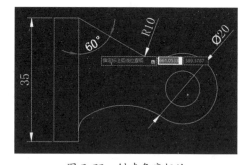

图 7-76　创建直径标注　　　　　　　　　　图 7-77　创建角度标注

步骤 05　使用相同的方法创建线性标注，如图 7-78 所示。

步骤 06　使用相同的方法创建直径和半径标注，最终效果如图 7-79 所示。

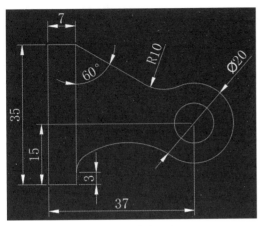

图 7-78 创建线性标注

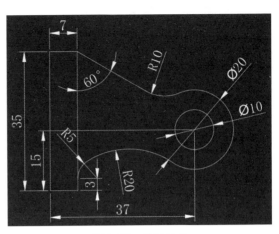

图 7-79 最终效果

同步训练——查询并标注户型尺寸

图解流程

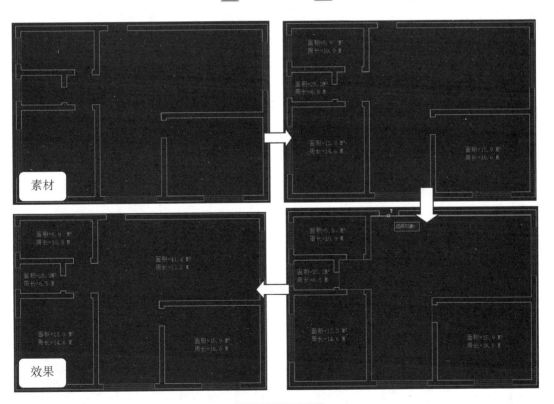

思路分析

在建筑装饰图纸中，一般情况下，若客厅和餐厅没有明显的分区，可以将两个区域的面积和周长作为一个区域进行标注，在某些户型中还可以将过道作为公共区域的一部分标注在客厅和餐厅区域内。

本例首先测量一个区域的面积和周长，创建文本对象并依次复制到每个区域中，然后使用测量命令测量各区域对象的面积和周长，并输入相应的文本对象中，最后将辅助线和多余的文本对象删除，完成户型尺寸的查询与标注。

关键步骤

步骤 01 打开 "素材文件 \ 第 7 章 \ 户型图 .dwg"，输入【面积查询】命令 AA，按空格键确认，单击指定测量区域的第一个角点，单击指定第二个角点，单击指定第三个角点，如图 7-80 所示。

步骤 02 单击指定第四个角点，单击指定测量区域的起点，按空格键确认指定区域，命令行中显示指定区域的面积和周长，如图 7-81 所示。

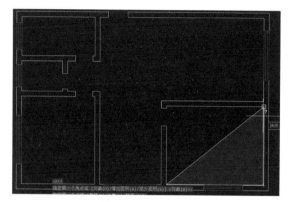

图 7-80 依次指定角点

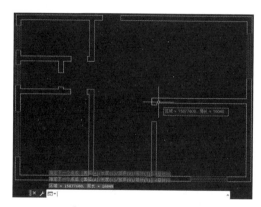

图 7-81 显示面积和周长

步骤 03 输入【多行文字】命令 T，按空格键确认，单击指定文本框第一个角点，单击指定文本框第二个角点，如图 7-82 所示。

步骤 04 将文字【高度】设置为 100，输入 "面积 ="，按【Enter】键换行，输入 "周长 ="，单击【关闭文字编辑器】按钮，如图 7-83 所示。

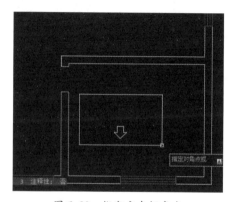

图 7-82 指定文本框角点

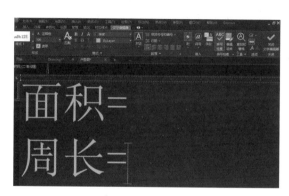

图 7-83 输入文字

步骤 05　使用【复制】命令 CO 将创建的文字依次复制到每个区域。双击已测量区域中的文字，在"面积 ="后输入"15.9M²"，在"周长 ="后输入"16.0M"，单击【关闭文字编辑器】按钮，如图 7-84 所示。

步骤 06　使用【矩形】命令沿测量区域绘制一个矩形，输入【列表显示】命令 LI，按空格键确认，单击选择绘制的矩形，如图 7-85 所示。

图 7-84　输入对应的数值

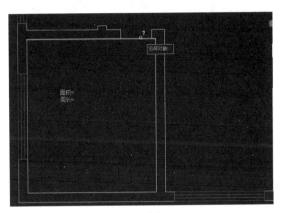

图 7-85　选择矩形

步骤 07　按空格键确认，弹出显示此区域相关信息的文本窗口。双击此区域中的文字，输入面积"13.3M²"，输入周长"14.6M"，按【Enter】键两次结束文字命令。使用同样的方法测量并标注卫生间及厨房区域的面积和周长，如图 7-86 所示。

步骤 08　输入【多段线】命令 PL，按空格键确认，单击指定起点，单击指定下一点，依次指定至餐厅位置，如图 7-87 所示。

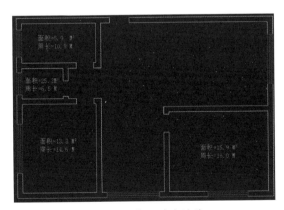

图 7-86　输入对应的值

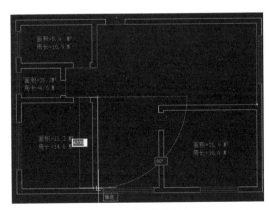

图 7-87　绘制多段线

步骤 09　继续沿餐厅、过道指定测量区域的角点，最后输入子命令【闭合】C，按空格键确认，输入【列表显示】命令 LI，按空格键确认，选择多段线，如图 7-88 所示。

步骤 10　按空格键确认，闭合多段线区域的信息即会在文本窗口中显示出来。输入面积"41.4M²"，输入周长"33.3M"，选择矩形和多段线并删除，最终效果如图 7-89 所示。

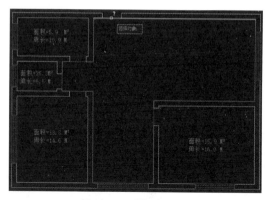

图 7-88 选择多段线

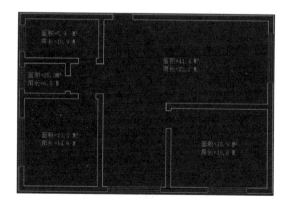

图 7-89 最终效果

📝 知识能力测试

一、填空题

1. 尺寸标注由 ＿＿＿＿＿＿＿＿、＿＿＿＿＿＿＿＿、＿＿＿＿＿＿＿＿、＿＿＿＿＿＿＿＿ 组成。

2. 半径标注的标注文字的默认前缀是 ＿＿＿＿＿＿＿，圆的直径的表示方法是加前缀 ＿＿＿＿＿＿。

3. 打开【标注样式管理器】对话框的快捷命令是 ＿＿＿＿＿＿＿＿＿。

4. 快速查询的命令是 ＿＿＿＿＿。

二、选择题

1.（ ）命令用于创建平行于所选对象或平行于两尺寸界线原点连线的直线型尺寸标注。

A. 连续标注　　　　　　B. 快速标注　　　　　　C. 线性标注　　　　　　D. 对齐标注

2. 快速标注的命令是（ ）。

A. QDIM　　　　　　B. QLEADER　　　　　　C. QDIMLINE　　　　　　D. DIM

3. 在设置标注样式时，系统提供了（ ）种文字对齐方式。

A. 1　　　　　　B. 3　　　　　　C. 4　　　　　　D. 5

4. 以下不能快速查询任意直线对象的角度的方法是（ ）。

A. 使用查询距离功能　　　　　　　　　　B. 双击直线对象，在【特性】面板中获取

C. 使用查询角度功能　　　　　　　　　　D. 使用列表显示功能

三、简答题

1. 连续标注和基线标注的共同点和区别分别是什么？

2. 标注样式中"修改"与"替代"有什么区别？

AutoCAD
2020

第8章

文字、表格的创建与编辑

　　文字和表格是图形中不可缺少的重要组成部分，可以对图形中不便于表达的内容加以说明，使图形的含义更加清晰、一目了然。

学习目标

- 掌握文字样式的使用方法
- 掌握输入文字的方法
- 掌握创建表格的方法
- 掌握编辑表格的方法

文字样式

文字样式是文字格式设置的集合，包括字体、行距、对正和颜色等。用户可以创建文字样式，以快速指定文字的格式，并确保文字格式符合行业或工程标准。

8.1.1 创建文字样式

在 AutoCAD 中除了可以使用自带的文字样式，还可以在【文字样式】对话框中创建新的文字样式，具体操作步骤如下。

步骤 01 输入【文字样式】命令 ST，打开【文字样式】对话框，单击【新建】按钮，弹出【新建文字样式】对话框，如图 8-1 所示。

步骤 02 输入样式名，如"机械标注"，单击【确定】按钮，左侧【样式】栏中显示新样式名称，并默认显示为当前文字样式，如图 8-2 所示。

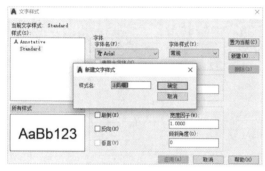

图 8-1 【新建文字样式】对话框

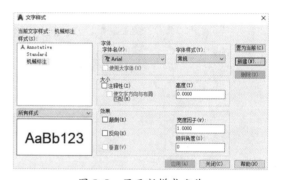

图 8-2 显示新样式名称

> **温馨提示**
> 在【文字样式】对话框中【高度】为 0 的意思是高度不固定，每次创建文字时都会提示输入文字高度，反之则是固定高度，创建文字时就会以设定高度为准，而不再提示输入文字高度。

8.1.2 修改文字样式

在实际绘图时，经常会根据需要修改文字样式，如修改文字样式的字体、大小、效果等，具体操作步骤如下。

步骤 01 在【文字样式】对话框中单击【字体名】下拉按钮，选择字体，如【仿宋】，即可修改字体，如图 8-3 所示。

步骤 02 【文字样式】对话框左下角的预览框中会显示修改后的样式效果，如勾选【颠倒】复选框，效果如图 8-4 所示。

图 8-3 选择字体

图 8-4 勾选【颠倒】复选框

在【文字样式】对话框中还可以设置字体样式、注释性、高度、反向、宽度因子、倾斜角度等内容。

另外，【颠倒】和【反向】效果只对单行文字有效，对多行文字无效。【倾斜角度】只对多行文字有效。【垂直】选项只有当字体支持双重定向时才可用，并且不能应用于 TrueType 类型的字体。如果要设置倒置的文字效果，不一定要使用【颠倒】选项，也可以将文字的【旋转角度】设置为 180。

8.2 输入文字

在 AutoCAD 中，通常可以创建两种类型的文字，一种是单行文字，一种是多行文字。单行文字主要用于输入不需要使用多种字体的简短内容；多行文字主要用于输入一些复杂的说明性文字。

8.2.1 创建单行文字

单行文字（DTEXT）可以是单个字符、单词或一个完整的句子，并且可以对文字的字体、大小、倾斜、镜像、对齐和文字间隔等进行设置，具体操作步骤如下。

步骤 01 输入【单行文字】命令 DT，单击指定文字的起点，如图 8-5 所示。

步骤 02 输入文字的高度，如"10"，然后输入文字的旋转角度，如"0"，按空格键确认，如图 8-6 所示。

图 8-5 指定文字的起点

图 8-6 输入文字的旋转角度

步骤 03 输入文字内容，如"地下停车场"，按【Enter】键即可换行，继续输入文字，如"给排水平面图"，如图 8-7 所示。

步骤 04 按空格键，输入文字"厨房"，按【Enter】键两次结束单行文字命令，单击创建的文字，如图 8-8 所示。

图 8-7　输入文字内容

图 8-8　显示效果

技能拓展

执行【单行文字】命令时，输入文字内容后按【Enter】键即可换行，若不再继续输入文字，按【Enter】键两次即可终止单行文字命令，所创建的每一行文字都是一个独立的文字对象。

8.2.2　编辑单行文字

对于已经创建完成的单行文字，可以使用【编辑文字】DDEDIT 和【特性】PROPERTIES 两个命令进行相关编辑操作，具体操作步骤如下。

步骤 01 创建单行文字"园林景观"，双击文字对象，如图 8-9 所示。

步骤 02 输入文字内容，按【Enter】键两次结束命令，如图 8-10 所示。

图 8-9　双击文字对象

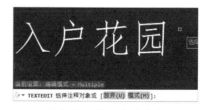

图 8-10　输入文字内容

步骤 03 选择文字对象，输入【特性】命令 PR，按空格键打开【特性】面板，在【旋转】栏中输入"90"，按空格键确认，效果如图 8-11 所示。

步骤 04 单击【对正】下拉按钮，选择【右下】选项，在【倾斜】栏中输入"45"，按空格键确认，完成后按【Esc】键退出，如图 8-12 所示。

图 8-11　旋转效果

图 8-12　设置对正和倾斜

8.2.3　创建多行文字

在 AutoCAD 中，多行文字（MTEXT）是由竖直方向上任意数目的文字行或段落构成的，用户可以指定文字行或段落的水平宽度，也可以对其进行移动、旋转、删除、复制、镜像或缩放操作，具体操作步骤如下。

步骤 01　输入【多行文字】命令 T，在绘图区域空白处单击指定第一角点，在适当位置单击指定对角点，创建文本框，如图 8-13 所示。

步骤 02　在文本框内输入文字，如"说明："，如图 8-14 所示。

图 8-13　创建文本框

图 8-14　输入文字

步骤 03　按【Enter】键换行，输入下一行文字，如"1、按实际尺寸为准。"，按【Enter】键换行，继续输入文字内容，如图 8-15 所示。

步骤 04　输入完成后在空白处单击，完成多行文字的创建，单击创建的多行文字，效果如图 8-16 所示。

图 8-15　输入文字

图 8-16　显示效果

技能
拓展

单行文字与多行文字的区别如表 8-1 所示。

表 8-1　单行文字与多行文字的区别

名称	编辑单位	编辑内容	一般用途
单行文字	一行	文本内容、样式、高度、对齐	输入简短文本
多行文字	多行（一个或多个段落）	文本内容、段落属性、插入符号或字段、拼写检查、查找替换、文字样式、文字格式等	输入较长文本

用【分解】命令 X 可将多行文字转换为单行文字；用 TXT2MTXT 命令可将单行文字转换为多行文字。

8.2.4　设置多行文字格式

多行文字创建完成后，可以设置其相关格式。下面将着重讲解修改文字内容、修改文字特性、缩放文字的方法，具体操作步骤如下。

步骤 01　创建多行文字，双击需要修改内容的文字对象，如图 8-17 所示。

步骤 02　修改文字内容，完成后在文本框外的空白处单击，如图 8-18 所示。

图 8-17　双击文字对象

图 8-18　显示修改效果

步骤 03　输入【文字缩放】命令 SCALET，单击选择要缩放的文字对象，按空格键确认，如图 8-19 所示。

步骤 04　输入缩放的基点选项，如【居中】C，按空格键确认，输入子命令【比例因子】S，按空格键确认，输入【缩放比例】，如"0.5"，如图 8-20 所示。

图 8-19 选择要缩放的文字对象

图 8-20 输入缩放参数

步骤 05 按空格键确认，缩放效果如图 8-21 所示。

步骤 06 按快捷键【Ctrl+Z】撤销缩放，双击文字对象，进入【文字编辑器】，如图 8-22 所示。

图 8-21 显示缩放效果

图 8-22 进入【文字编辑器】

步骤 07 选择文字，设置文字格式，如单击【加粗】按钮 **B** 使文字加粗，单击【倾斜】按钮 *I* 使文字倾斜，如图 8-23 所示。

步骤 08 设置完成后单击【关闭文字编辑器】按钮。单击选择文字对象，输入【特性】命令 PR，按空格键弹出【特性】面板，设置【旋转】为180，【行距比例】为2，按空格键确认，如图 8-24 所示，单击【关闭】按钮关闭【特性】面板。

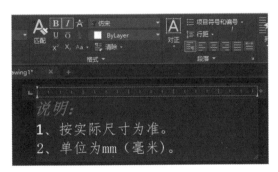

图 8-23 设置文字格式

图 8-24 修改【特性】面板参数

课堂范例——在单行文字中添加特殊符号

步骤 01 输入【单行文字】命令 DT，按空格键，根据命令提示指定文字的起点及旋转角度，如图 8-25 所示。

步骤 02 输入"%%C100","%%C"会自动转换为直径符号 Φ，如图 8-26 所示。

图 8-25 指定文字的起点及旋转角度

图 8-26 显示效果

温馨提示

- 在输入特殊符号的替代符号时，要注意文字的字体样式，不同的样式可能会显示不同的结果。

- 常用符号除了直径，还有正负号"%%P"，度数"%%D"。

- 可在编辑段落文本时右击，在【符号】菜单中选择所需的符号。

8.3 创建表格

表格在绘图中很常用。表格是由单元格构成的矩阵，这些单元格中包含注释（内容主要是文字，也可以是图块）。

8.3.1 创建表格样式

在创建表格之前可以先设置好表格的样式。设置表格样式需要在【表格样式】对话框中进行，具体操作步骤如下。

步骤 01 输入【表格样式】命令 TS，弹出【表格样式】对话框，单击【新建】按钮，如图 8-27 所示。

步骤 02 在弹出的【创建新的表格样式】对话框中输入新样式名，如默认的"Standard 副本"，单击【继续】按钮，如图 8-28 所示。

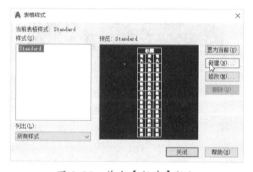

图 8-27 单击【新建】按钮

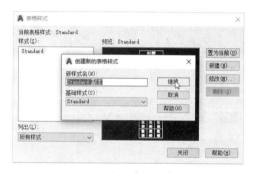

图 8-28 单击【继续】按钮

步骤 03 设置【数据】的【文字高度】为5,【标题】的【文字高度】为7，如图 8-29 所示。

步骤 04 设置完成后单击【关闭】按钮，如图 8-30 所示。

图 8-29 设置单元样式参数

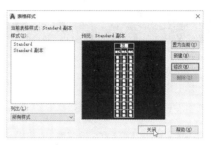

图 8-30 单击【关闭】按钮

8.3.2 创建空白表格

空白表格的所有单元格里都没有文字或数字。创建空白表格的具体操作步骤如下。

步骤 01 输入【表格】命令 TB，弹出【插入表格】对话框，设置【列数】为4,【数据行数】为6，单击【确定】按钮，如图 8-31 所示。

步骤 02 在绘图区域空白处单击指定插入点，如图 8-32 所示。

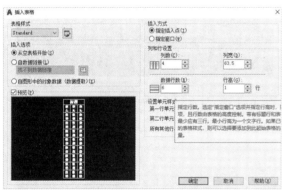

图 8-31 设置表格行列数

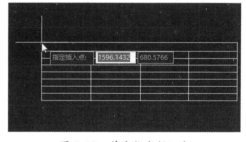

图 8-32 单击指定插入点

8.3.3 在表格中输入文字

空白表格创建完成后，需要在表格中输入文字，具体操作步骤如下。

步骤 01 插入表格后，光标自动进入标题行，输入标题文字，如"主材说明"，如图 8-33 所示。

步骤 02 按【↓】键，输入列标题文字，如"主材名称"，如图 8-34 所示。

图 8-33　输入标题文字

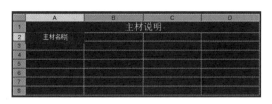

图 8-34　输入列标题文字

步骤 03　按【Tab】键，输入列标题文字"数量"，如图 8-35 所示。继续按【Tab】键，输入其他列标题文字，如图 8-36 所示。

	A	B	C	D
1			主材说明	
2	主材名称	数量		
3				
4				
5				
6				
7				
8				

图 8-35　输入列标题文字

	A	B	C	D
1			主材说明	
2	主材名称	数量	品牌	价格
3				
4				
5				
6				
7				
8				

图 8-36　继续输入列标题文字

步骤 04　继续按【Tab】键，输入"组合沙发"，如图 8-37 所示。

步骤 05　按【↓】键，输入其他文字，效果如图 8-38 所示。

	A	B	C	D
1			主材说明	
2	主材名称	数量	品牌	价格
3	组合沙发			
4				
5				
6				
7				
8				

图 8-37　输入文字

主材说明			
主材名称	数量	品牌	价格
组合沙发			
床及床垫			
餐桌			
鞋柜			
衣柜			
五金洁具			

图 8-38　输入文字

8.4　编辑表格

　　无论是表格中的数据还是表格的外观，都可以方便地进行修改。但是，AutoCAD 中的表格与文字处理软件中的表格有一些不同，需要了解相关的操作技巧。

8.4.1　合并单元格

　　表格可以将信息条理化，让信息准确、快速地传递。如果相邻的若干单元格中的信息相同，会降低信息的传播效率，此时就需要合并单元格，具体操作步骤如下。

步骤 01　选择需要合并的单元格，如图 8-39 所示。

步骤 02　单击鼠标右键，单击【合并】→【全部】命令，如图 8-40 所示，即可合并所选单元格。

图 8-39 选择需要合并的单元格　　　　　图 8-40 合并单元格

8.4.2 添加和删除表格的行和列

表格创建完成后，可以根据需要对当前表格的行和列进行调整，如添加或删除行和列，具体操作步骤如下。

步骤 01 选择单元格，单击鼠标右键，单击【列】→【在右侧插入】命令，如图 8-41 所示。

步骤 02 所选单元格右侧即会添加一列，效果如图 8-42 所示。

图 8-41 单击【在右侧插入】命令

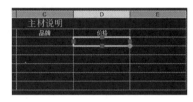

图 8-42 添加列的效果

步骤 03 选择单元格，单击鼠标右键，单击【行】→【在下方插入】命令，如图 8-43 所示。

步骤 04 所选单元格下方即会添加一行，效果如图 8-44 所示。

图 8-43 单击【在下方插入】命令

图 8-44 添加行的效果

步骤 05 选择单元格，单击鼠标右键，单击【列】→【删除】命令，即可删除单元格所在列，光标左移一列，如图 8-45 所示。

步骤 06 选择单元格，单击鼠标右键，单击【行】→【删除】命令，即可删除单元格所在行，光标上移一行，如图 8-46 所示。

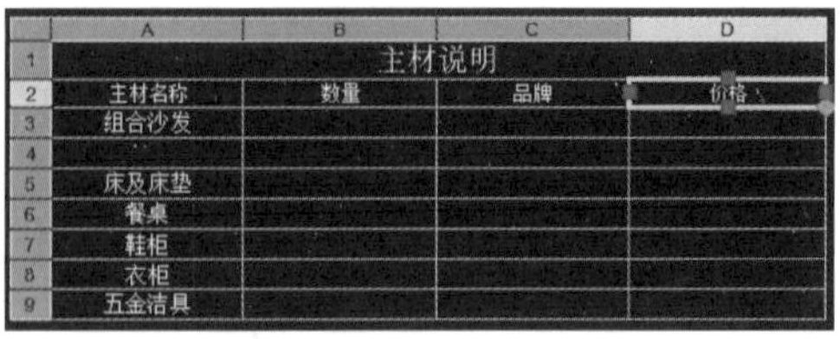

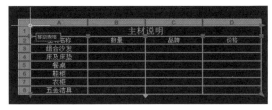

图 8-45　删除列

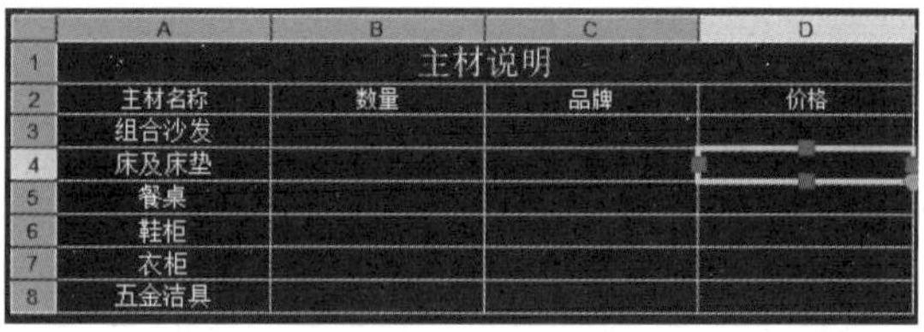

图 8-46　删除行

8.4.3　调整表格的行高和列宽

在编辑表格的过程中，经常需要根据内容或版面对表格的行高和列宽进行相应调整，具体操作步骤如下。

步骤 01 从右至左框选创建的表格，拖曳表格左上方夹点■即可移动表格，如图 8-47 所示。

步骤 02 单击第二行的夹点■，左右移动鼠标指针即可更改列宽，如图 8-48 所示。

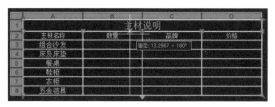

图 8-47　移动表格

图 8-48　更改列宽

步骤 03 单击表格左下方的箭头▼，上下移动鼠标指针可以统一拉伸表格高度，如图 8-49 所示。

步骤 04 单击表格右下方的箭头▼，上下移动鼠标指针可以统一拉伸表格高度和宽度，如图 8-50 所示。

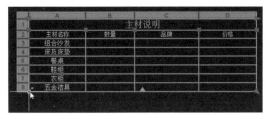

图 8-49　统一拉伸表格高度

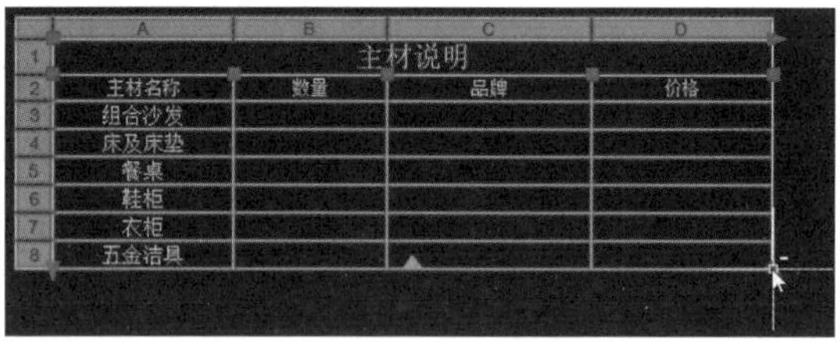

图 8-50　统一拉伸表格高度和宽度

技能拓展

在调整表格行高和列宽的过程中，选择表格后右击，在弹出的快捷菜单中单击【均匀调整列大小】命令，可以均匀调整表格的列宽；单击【均匀调整行大小】命令，可以均匀调整表格的行高。

8.4.4　设置单元格的对齐方式

在制作表格时可以设置单元格的对齐方式，使表格更加美观，具体操作步骤如下。

步骤 01 打开"素材文件 \ 第 8 章 \8-4-4.dwg",选择要对齐的单元格,单击鼠标右键,选择【对齐】→【正中】选项,如图 8-51 所示。

步骤 02 所选单元格中的内容即会居中对齐,效果如图 8-52 所示。

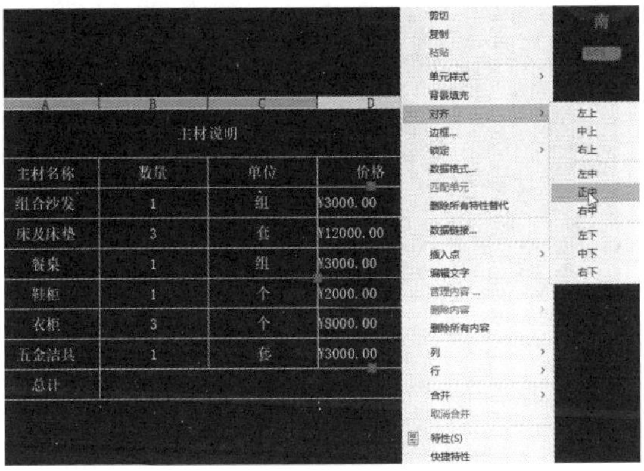

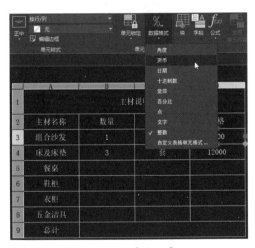

图 8-51 选择【正中】选项

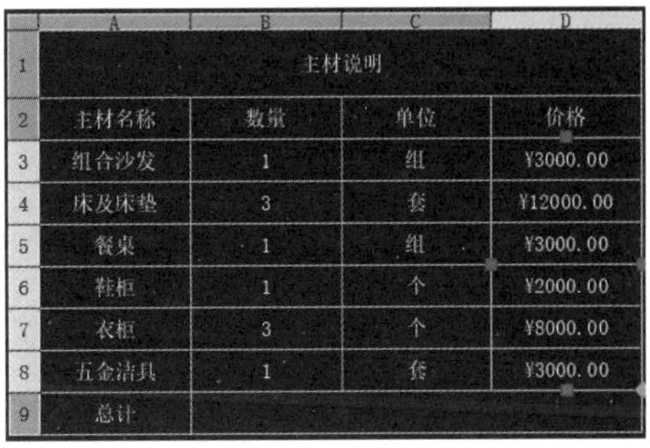

图 8-52 显示对齐效果

课堂范例——设置单元格的数据格式

步骤 01 打开"素材文件 \ 第 8 章 \ 表格数据 .dwg",单击 D3 单元格,然后按【Shift】键并单击 D8 单元格,将 D3 至 D8 单元格选中,单击【数据格式】下拉按钮,单击【货币】选项,如图 8-53 所示。

步骤 02 单击【数据格式】下拉按钮,单击【自定义表格单元格式】选项,如图 8-54 所示。

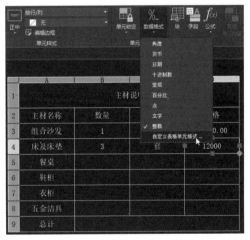

图 8-53 单击【货币】选项

图 8-54 单击【自定义表格单元格式】选项

步骤 03 在弹出的对话框的【数据类型】栏中选择【小数】,在【格式】栏中选择【小数】,单击【精度】下拉按钮,选择【0.00】,单击【确定】按钮,如图 8-55 所示。

步骤 04 设置完成后的效果如图 8-56 所示。

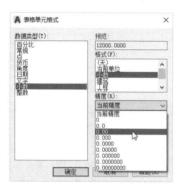

图 8-55 设置精度

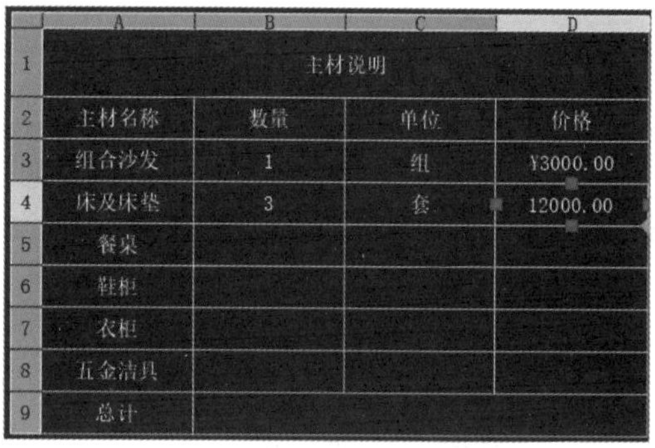

	A	B	C	D
1	主材说明			
2	主材名称	数量	单位	价格
3	组合沙发	1	组	¥3000.00
4	床及床垫	3	套	12000.00
5	餐桌			
6	鞋柜			
7	衣柜			
8	五金洁具			
9	总计			

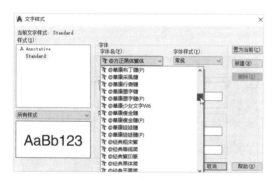

图 8-56 显示效果

课堂问答

通过本章的讲解，读者可以掌握创建文字样式、输入文字、创建表格、编辑表格的方法，下面列出一些常见的问题供学习参考。

问题 1：如何输入竖排文字?

答：输入竖排文字的一种方法是选择带“@”的字体，如图 8-57 所示。

另一种方法是在输入文字时设置角度为 -90（或 270），效果如图 8-58 所示。

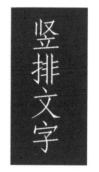

图 8-57 选择带“@”的字体

图 8-58 竖排文字效果

问题 2：镜像图形时不需要镜像文字怎么办?

答：此时需要处理文字对象的反射特性。使用【MIRRTEXT】环境变量命令，将数字设置为 0（关）即可；当数字为 1（开）时，文字对象同其他对象一样会被镜像处理。

问题 3：为何有些文字显示为问号?

答：这是因为当前计算机中缺少这种文字的字体，在【文字样式】中更换字体即可正常显示。也可以安装相应字体。

为了帮助读者巩固本章知识点，下面讲解两个综合案例，使读者对本章的知识有更深入的了解。

上机实战——创建图框

效果展示

效果

平面布置图 1:100

思路分析

图框是一份完整图纸的重要组成部分，本例主要讲解简易图框的绘制，包括图框、图名、比例，以及必要的说明等内容。

本例首先使用矩形命令绘制图框的外框，接着使用偏移命令偏移复制出内框，再使用单行文字命令输入图纸名称和比例，使用多段线命令根据文本长度绘制粗线段，然后使用直线命令绘制等长的细线段，最后使用多行文字命令输入说明文字，完成简易图框的制作。

制作步骤

步骤 01　绘制一个 420×297 的矩形，使用【偏移】命令 O 将矩形向内偏移 5，然后使用【分解】命令 X 分解偏移的矩形，将左侧的线向右移动 20 并修剪。输入【单行文字】命令 DT，按空格键确认，单击指定文字的起点，如图 8-59 所示。

步骤 02　输入文字高度为 7，按空格键确认文字旋转角度为 0，输入图纸名称和比例"平面布置图 1:100"，如图 8-60 所示。按【Enter】键两次结束单行文字命令。

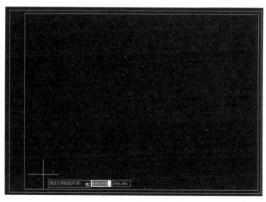

图 8-59　指定文字的起点

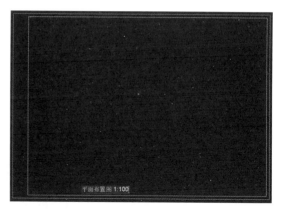

图 8-60　输入图纸名称和比例

步骤 03　输入【多段线】命令 PL，单击指定多段线起点，如图 8-61 所示，输入子命令【宽度】W，按空格键确认，输入【起点宽度】为 1，按空格键确认；输入【终点宽度】为 1。

步骤 04　按空格键，单击指定多段线下一点，按空格键确认，如图 8-62 所示。

步骤 05　使用【直线】命令绘制一条和多段线等长的直线，效果如图 8-63 所示。

图 8-61　指定多段线起点

图 8-62　绘制多段线

图 8-63　绘制直线

步骤 06　输入【多行文字】命令 T，按空格键；单击指定第一角点，单击指定对角点，如图 8-64 所示。

步骤 07　输入文字内容，效果如图 8-65 所示。

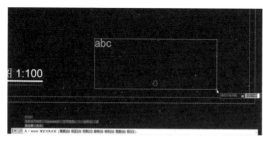

图 8-64　指定文本框角点

图 8-65　输入文字内容

步骤 08　按【Enter】键换行，继续输入文字内容，然后选择文字，修改文字高度为 3.5，效果如图 8-66 所示。

步骤 09　将多行文字移到图纸的右下角，即可完成图框的绘制，最终效果如图 8-67 所示。

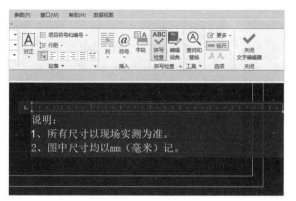

图 8-66 修改文字高度

图 8-67 最终效果

🌐 同步训练——创建灯具图例表

图解流程

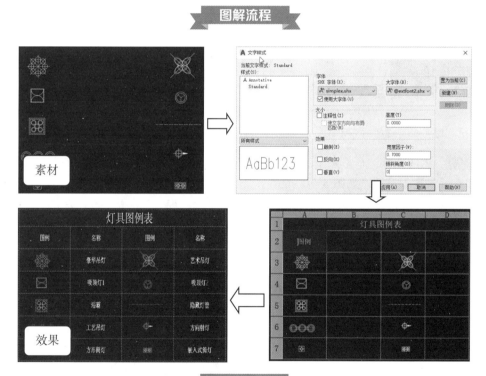

思路分析

图例表用于说明图形名称、规格及安装形式等，本例主要讲解灯具图例表的创建和编辑过程，目的是让读者熟练掌握表格的创建和编辑方法。

本例首先设置表格样式，然后创建需要的表格，注意表格的标题、表头和数据的合理排列，并调整表格的大小，最后添加文字，完成表格的创建。

关键步骤

步骤 01 打开"素材文件\第 8 章\灯具图例 .dwg",输入【表格样式】命令 TS,按空格键确认,打开【表格样式】对话框,单击【新建】按钮,打开【创建新的表格样式】对话框,输入样式名称"灯具图例表",单击【继续】按钮,打开【新建表格样式:灯具图例表】对话框,单击【常规】选项卡,选择对齐方式为【正中】,如图 8-68 所示。

步骤 02 单击【文字】选项卡,单击文字样式后的【文字样式】对话框按钮,打开【文字样式】对话框,新建文字样式"文字说明",设置字体及宽度因子,单击【应用】按钮,如图 8-69 所示。

图 8-68 选择对齐方式

图 8-69 设置文字样式

步骤 03 关闭【文字样式】对话框,设置数据的【文字高度】为 100,标题的【文字高度】为 120,单击【确定】按钮,如图 8-70 所示。

步骤 04 选择新建的表格样式,单击【置为当前】按钮,单击【关闭】按钮。输入【插入表格】命令 TB,选择【指定窗口】单选按钮,在【列数】与【数据行数】文本框中分别输入 4 和 5,单击【确定】按钮,如图 8-71 所示。

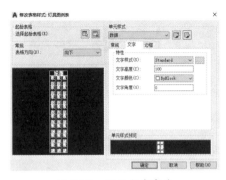

图 8-70 设置文字高度

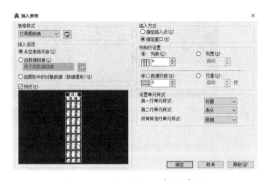

图 8-71 设置插入表格参数

步骤 05 指定插入点,进入【文字编辑器】,输入文字内容"灯具图例表",如图 8-72 所示。

步骤 06 选择表格,拖曳右下角的夹点,调整表格大小,如图 8-73 所示。

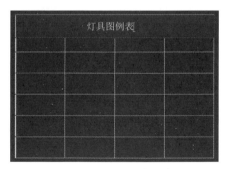

图 8-72　输入文字内容

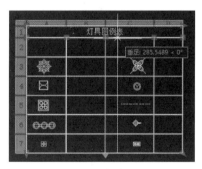

图 8-73　调整表格大小

步骤 07　双击单元格，激活文字编辑器，输入文字内容"图例"，将文字高度设置为100，然后按【Tab】键，如图 8-74 所示。输入其他文字内容，最终效果如图 8-75 所示。

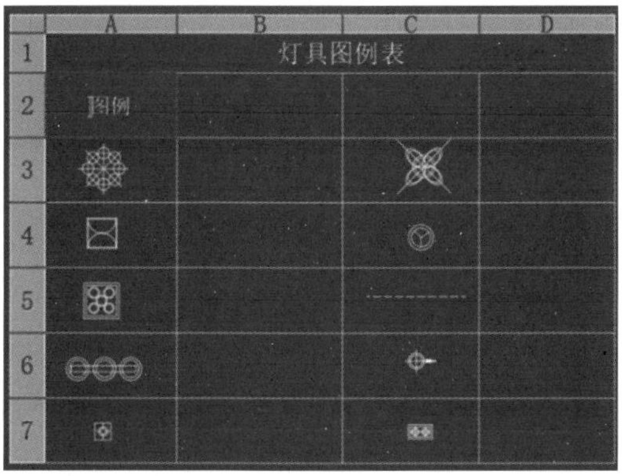

图 8-74　输入文字内容

图 8-75　最终效果

📝 知识能力测试

一、填空题

1. 创建单行文字的命令是 _____，创建多行文字的命令是 _____。

2. 在 AutoCAD 中要输入"室内基准标高 ± 0.000"，应输入 _____；要输入"60°"，应输入 _____。

3. 当用 MIRROR 命令对图形和文字进行镜像操作时，如果想只镜像图形，不镜像文字，应将变量 MIRRTEXT 的值设置为 _____。

二、选择题

1. 以下文字特性中不能在【多行文字编辑器】对话框的【特性】选项卡中设置的是（　　　）。

A. 旋转角度　　　　　B. 宽度　　　　　C. 样式　　　　　D. 高度

2. 插入表格的快捷命令是（　　　）。

A. TS　　　　　B. Tab　　　　　C. TB　　　　　D. T

3. 若要输入"1/2"，在 AutoCAD 中运用（　　　　）命令过程中可以把此分数形式改为水平分数形式。

　　A. 对正文字　　　　　　　B. 文字样式　　　　　　　C. 单行文字　　　　　　　D. 多行文字

三、简答题

1. 单行文字与多行文字的区别是什么？

2. 在文字样式对话框中，默认的文字高度为 0 是什么意思？

AutoCAD
2020

　　AutoCAD 提供了丰富的视图、视口与视觉样式控制工具，可以在不同的用户坐标系和世界坐标系之间切换，从而方便绘制和编辑三维图形。

学习目标

- 掌握三维模型的观察与视觉控制方法
- 熟悉创建三维实体的方法
- 掌握通过二维对象创建三维实体的方法

9.1 显示与观察三维图形

在 AutoCAD 中可以绘制三维模型图，与传统的二维图纸相比，三维模型图可以还原真实的模型效果。要在二维平面中查看三维图形，就必须掌握三维对象的线条的显示与消隐方法和模型的明暗颜色处理方法。

9.1.1 动态观察模型

【3D 导航立方体】默认位于绘图区域右上角，单击立方体或其周围的文字，可以切换到相应的视图，选择并拖曳导航立方体上的任意文字，可以在同一个平面上旋转当前视图，具体操作步骤如下。

步骤 01 打开"素材文件 \ 第 9 章 \9-1-1.dwg"，如图 9-1 所示。

步骤 02 单击导航立方体下方的【南】字，视图切换为【前视图】，如图 9-2 所示。

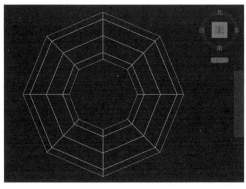
图 9-1　打开素材

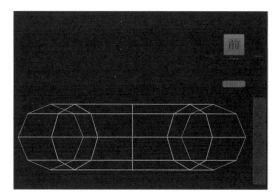
图 9-2　切换视图

> **技能拓展**
> 在 AutoCAD 中，使用三维动态观察工具可以从任意角度实时、直观地观察三维模型，也可以输入 3DO 命令后按住鼠标左键拖曳观察。

步骤 03 在导航立方体上按住鼠标左键并拖曳，旋转至所需视图时释放鼠标左键，如图 9-3 所示。

步骤 04 单击【未命名】下拉按钮，选择【新 UCS】，即可新建 UCS 坐标系，如图 9-4 所示。

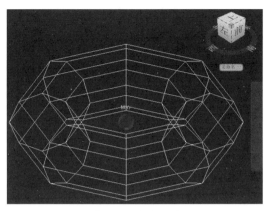
图 9-3　旋转视图

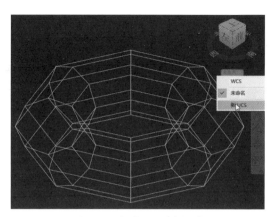
图 9-4　新建 UCS 坐标系

9.1.2　隐藏图形

隐藏图形即是将当前图形对象用三维线框模式显示，但是不显示看不见（隐藏）部分的一种视觉样式，具体操作步骤如下。

步骤 01　打开"素材文件\第 9 章\9-1-2.dwg"，选择【三维基础】工作空间，单击【可视化】选项卡，单击【视图控制】下拉按钮，单击【西南等轴测】视图，如图 9-5 所示。

步骤 02　单击【隐藏】按钮 🖸，当前文件中的对象即会以三维线框模式显示，如图9-6所示。

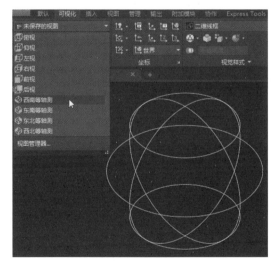
图 9-5　切换视图

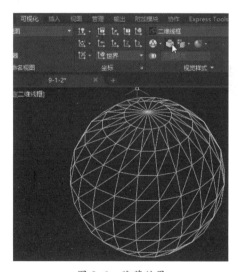
图 9-6　隐藏效果

9.1.3　应用视觉样式

应用视觉样式可以对三维实体进行染色并赋予明暗光线，AutoCAD 2020 中有 10 种默认视觉样式可以选择。应用视觉样式的具体操作步骤如下。

步骤 01 打开"素材文件 \ 第 9 章 \9-1-3.dwg",单击【视觉样式】下拉按钮,单击选择【概念】选项,效果如图 9-7 所示。

步骤 02 单击【视觉样式控件】按钮,选择【真实】选项,效果如图 9-8 所示。

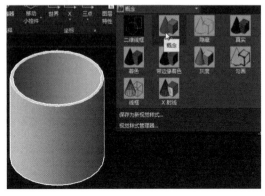

图 9-7 【概念】视觉样式

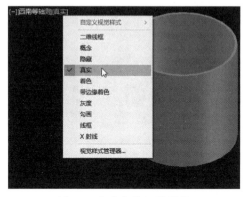

图 9-8 【真实】视觉样式

步骤 03 输入【三维动态观察】命令 3DO,然后单击鼠标右键,选择【视觉样式】→【X 射线】选项,如图 9-9 所示,效果如图 9-10 所示。

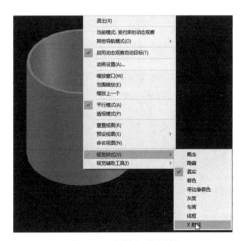

图 9-9 选择视觉样式

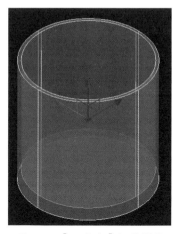

图 9-10 【X 射线】视觉样式

课堂范例——设置多视口及视图方向

步骤 01 单击【视口控件】按钮,选择【视口配置列表】→【三个:右】选项,如图 9-11 所示。

步骤 02 要调整视口,可以在功能区面板中单击【视口配置】下拉按钮,选择【四个:相等】选项,如图 9-12 所示。

在绘制三维图形对象时，通过切换视图可以从不同角度观察三维模型，但是操作起来不够简便。为了更直观地观察图形对象，用户可以根据自己的需要设置多个视口，同时使用多个不同的视图来观察三维模型，以提高绘图效率。

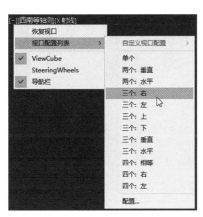

图 9-11　设置视口

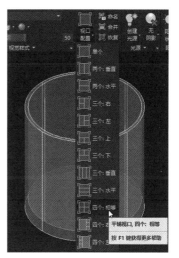

图 9-12　设置视口

要将当前窗口切换为一个视口，可以单击【视口控件】的【+】按钮，单击【最大化视口】命令，当前窗口即会放大为唯一视口。

步骤 03　单击右上窗口的【视图控件】按钮，选择【前视】选项，如图 9-13 所示。
步骤 04　设置左下窗口为【左视】，右下窗口为【西南等轴测】，如图 9-14 所示。

图 9-13　设置视图

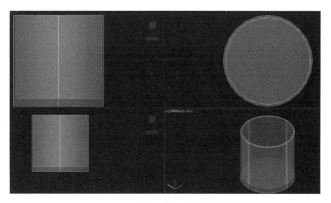

图 9-14　设置视图

如果要观察具有立体感的三维模型，可以使用系统提供的西南、西北、东南和东北 4 个等轴测视图，使显示效果更加形象和直观。

> **技能拓展**
>
> 在默认状态下，使用三维绘图命令绘制的三维图形都是俯视的平面图，用户可以选择系统提供的俯视、仰视、前视、后视、左视和右视六个正交视图，分别从对象的上、下、前、后、左、右六个方位进行观察。

9.2 创建三维实体

AutoCAD 中有实体模型、曲面模型和网格模型，其中实体模型的信息最完整，歧义最少，实体模型比曲面模型和网格模型更容易构造和编辑。

9.2.1 创建球体

三维实心球体可以通过指定圆心和半径来创建，具体操作步骤如下。

步骤 01 选择【三维基础】工作空间，设置视图为【西南等轴测】，输入【球体】命令 SPH，在绘图区域空白处单击指定中心点，如图 9-15 所示。

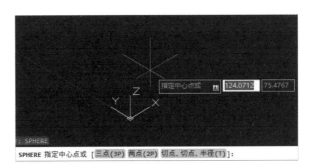

图 9-15　指定中心点

步骤 02 输入球体半径"500"，按空格键确认即可完成球体的创建，如图 9-16 所示。

步骤 03 输入【隐藏】命令 HIDE，按空格键确认，如图 9-17 所示。

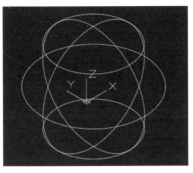

图 9-16　指定半径创建球体

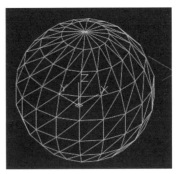

图 9-17　执行【隐藏】命令

> **技能拓展**
>
> 与绘制圆相似，根据命令提示，还可以用直径、三点、两点等方法绘制球体。若对平滑度不满意，可以用FACETRES 系统变量调整。

9.2.2 创建长方体

在创建三维实心长方体时，长方体的底面与当前 UCS 的 *XY* 平面平行，在 *Z* 轴方向向上指定长方体的高度，可以输入高度为正值，向上创建长方体；也可以输入高度为负值，向下创建长方体，具体操作步骤如下。

步骤 01 输入【长方体】命令 BOX，单击指定角点，输入子命令【长度】L，按空格键，输入【长度】800，如图 9-18 所示。

步骤 02 按空格键，输入【宽度】500，按空格键，如图 9-19 所示。

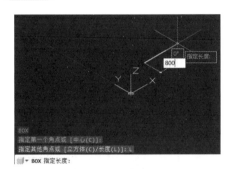

图 9-18　输入长度

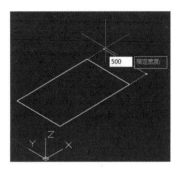

图 9-19　输入宽度

步骤 03 输入【高度】300，按空格键确认，完成长方体的绘制，如图 9-20 所示。

步骤 04 按空格键重复【长方体】命令，单击指定角点，输入子命令【立方体】C，按空格键确认，输入【长度】300，按空格键确认，如图 9-21 所示。

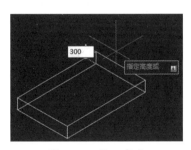

图 9-20　输入高度

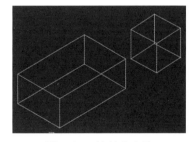

图 9-21　绘制立方体

9.2.3 创建圆柱体

在创建三维实心圆柱的操作中，要注意圆柱体的底面始终位于与工作平面平行的平面上，具体操作步骤如下。

步骤 01 输入【圆柱体】命令 CYL，在绘图区域中单击指定底面中心点，输入【底面半径】

500，如图 9-22 所示。

步骤 02　按空格键确认，输入圆柱体【高度】1000，按空格键确认，效果如图 9-23 所示。

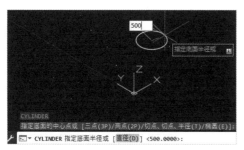

图 9-22　输入底面半径

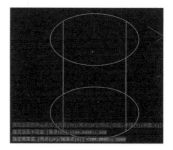

图 9-23　显示效果

9.2.4　创建圆锥体

在 AutoCAD 中可以绘制圆锥体，具体操作步骤如下。

步骤 01　输入【圆锥体】命令 CONE，单击指定底面中心点，输入【底面半径】500，如图 9-24 所示。

步骤 02　按空格键确认，输入【高度】1000，按空格键确认，如图 9-25 所示。

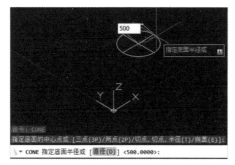

图 9-24　输入半径

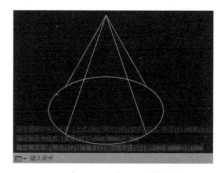

图 9-25　显示效果

课堂范例——创建楔体

步骤 01　输入【楔体】命令 WE，单击指定第一个角点，输入子命令【长度】L，按空格键，输入【长度】500，按空格键确认，如图 9-26 所示。

步骤 02　输入【宽度】300，按空格键确认，如图 9-27 所示。

步骤 03　向下移动十字光标，输入【高度】200，按空格键确认，效果如图 9-28 所示。

温馨
提示
【楔体】命令的提示实质上与长方体相同。在创建三维实心楔体的操作中，要注意所创建对象的倾斜方向始终沿 UCS 的 X 轴正方向。

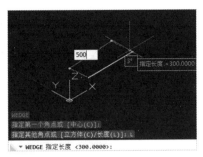
图 9-26　输入长度

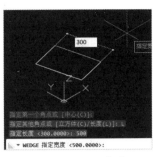
图 9-27　输入宽度

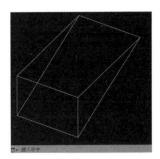
图 9-28　显示效果

9.3　通过二维对象创建三维实体

在 AutoCAD 中，可以直接创建三维基本体，也可以通过对二维图形对象进行三维拉伸、三维旋转、扫掠和放样等来创建三维实体。

9.3.1　创建拉伸实体

使用【拉伸】命令 EXTRUDE 可以沿指定路径拉伸对象或按指定高度和倾斜角度拉伸对象，从而将二维图形拉伸为三维实体。使用这种方法，可以方便地创建外形不规则的实体。使用该方法要先用二维绘图命令绘制不规则的截面，然后将其拉伸，创建出三维实体。本实例在【西南等轴测】视图中完成，具体操作步骤如下。

步骤 01 绘制一个矩形，输入【拉伸】命令 EXT，单击选择要拉伸的对象，如图 9-29 所示。

步骤 02 按空格键确认选择，输入【拉伸高度】1000，按空格键确认并结束拉伸命令，效果如图 9-30 所示。

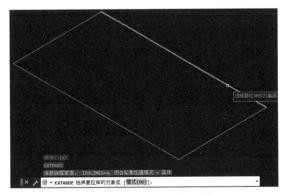
图 9-29　选择要拉伸的对象

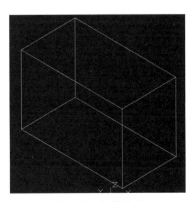
图 9-30　拉伸效果

9.3.2 创建旋转实体

使用【旋转】命令 REVOLVE 可以通过绕轴旋转闭合或开放的曲线来创建新的实体或曲面,该命令可以旋转多个对象,具体操作步骤如下。

步骤 01 打开"素材文件 \ 第 9 章 \9-3-2.dwg",输入【旋转】命令 REV,单击选择要旋转的对象,按空格键确认,如图 9-31 所示。

步骤 02 按空格键指定旋转轴,如图 9-32 所示。

图 9-31 选择要旋转的对象

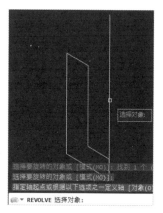

图 9-32 指定旋转轴

步骤 03 按空格键指定默认【旋转角度】360,即可完成对象的旋转,如图 9-33 所示。

步骤 04 将模型的视觉样式设置为【真实】,效果如图 9-34 所示。

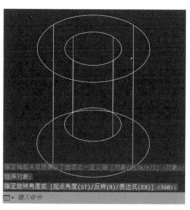

图 9-33 完成对象的旋转

图 9-34 显示效果

技能
拓展

在创建实体模型的操作中,开放的线段通过【旋转】或【拉伸】命令创建为三维对象后,只作为一个面存在;而闭合的线段通过这两个命令创建为三维对象后,则是有厚度的三维实体。

9.3.3　创建放样实体

使用【放样】命令 LOFT 可以通过对两条或两条以上横截面曲线进行放样来创建三维实体或曲面。其中横截面决定了放样生成的实体或曲面的形状，横截面曲线可以是开放的曲线或直线，也可以是闭合的图形，如圆、椭圆、多边形或矩形等。放样的具体操作步骤如下。

步骤 01　打开"素材文件\第9章\9-3-3.dwg"，输入【放样】命令 LOF，输入子命令【模式】MO 并按空格键，按空格键确认实体模式，如图 9-35 所示。

步骤 02　单击选择第一个横截面，如图 9-36 所示。

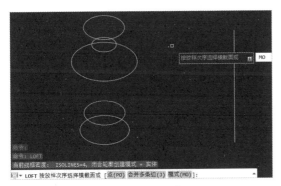

图 9-35　输入子命令

图 9-36　选择第一个横截面

步骤 03　单击选择第二个横截面，如图 9-37 所示。依次单击选择横截面，完成后按空格键确认，如图 9-38 所示。

步骤 04　输入子命令【路径】P，按空格键确认，选择路径轮廓，如图 9-39 所示。

图 9-37　选择第二个横截面

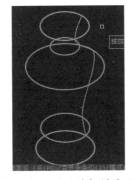

图 9-38　依次选择横截面

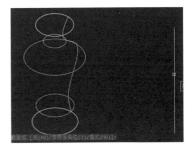

图 9-39　选择路径轮廓

步骤 05　即可完成对象的放样，如图 9-40 所示。

步骤 06　将模型的视觉样式设置为【真实】，效果如图 9-41 所示。

图 9-40　完成放样

图 9-41　显示效果

课堂问答

本章讲解了显示与观察三维图形、创建三维实体、通过二维对象创建三维实体的方法，下面列出一些常见的问题供读者学习参考。

问题 1：如何创建棱锥体？

答：在创建棱锥体的操作中，默认情况下，使用底面中心或底面边长和高度来定义棱锥体，具体操作步骤如下。

步骤 01　输入【棱锥体】命令 PYR，单击指定底面中心点，输入底面半径 300，如图 9-42 所示。

步骤 02　按空格键确认，输入高度 800，按空格键确认，如图 9-43 所示。

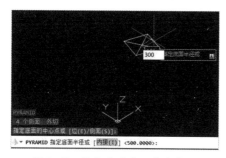

图 9-42　指定底面中心点和半径

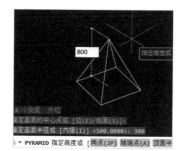

图 9-43　输入高度

步骤 03　按空格键重复棱锥体命令，输入子命令【边】E，按空格键，单击指定边的第一个端点，如图 9-44 所示。

步骤 04　单击指定边的第二个端点，向上移动十字光标，单击指定棱锥体的高度，如图 9-45 所示。

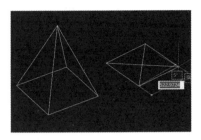

图 9-44 指定边的第一个端点

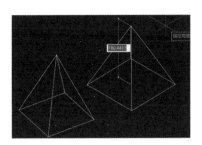

图 9-45 指定高度

问题 2：如何创建圆环体？

在创建圆环实体的操作中，可以通过指定圆环体的圆心、半径或直径及圆管的半径或直径创建圆环体，具体操作步骤如下。

步骤 01 输入【圆环体】命令 TOR，单击指定中心点，输入圆环半径 500，按空格键确认，如图 9-46 所示。

步骤 02 输入圆管半径 200，按空格键确认，如图 9-47 所示。

步骤 03 输入【隐藏】命令 HIDE，按空格键确认，效果如图 9-48 所示。

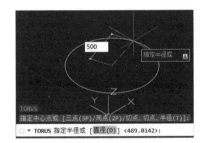

图 9-46 输入圆环半径

图 9-47 输入圆管半径

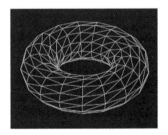

图 9-48 显示效果

问题 3：如何通过【扫掠】创建三维实体对象？

答：【扫掠】命令 SWEEP 和【拉伸】命令类似，但【扫掠】命令侧重于使用路径定义拉伸的方向，具体操作步骤如下。

步骤 01 绘制圆弧和圆，输入【扫掠】命令 SW，单击选择圆为要扫掠的对象，按空格键确认，如图 9-49 所示。

步骤 02 单击选择圆弧为扫掠路径，如图 9-50 所示，按空格键确认，即可完成对象的扫掠，效果如图 9-51 所示。

图 9-49 选择要扫掠的对象

图 9-50 选择扫掠路径

图 9-51 显示效果

为了帮助读者巩固本章知识点，下面讲解两个综合案例，使读者对本章的知识有更深入的了解。

上机实战——制作齿轮模型

效果展示

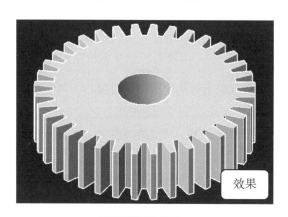

效果

思路分析

轮齿是齿轮上用于啮合的凸起部分，这些凸起部分一般呈放射状排列，和配对齿轮上的轮齿互相接触，可使齿轮持续啮合运转。

本例首先设置视口，接下来绘制轮齿的二维图形，然后使用【极轴阵列】命令阵列对象，最后使用【按住并拖动】命令完成齿轮三维模型的制作，得到最终效果。

制作步骤

步骤 01　输入【视口】命令 VPORTS，设置【四个：相等】视口，在各视口中设置相应的视图，如图 9-52 所示。

步骤 02　在【俯视】视口中执行【圆】命令 C，绘制直径分别为 20 和 67 的同心圆，如图 9-53 所示。

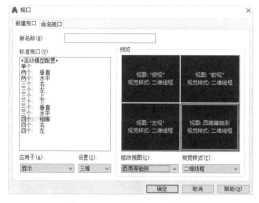

图 9-52　设置视口及视图

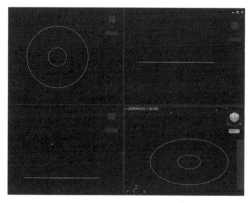

图 9-53　绘制同心圆

步骤 03 执行【多段线】命令 PL，绘制多段线，如图 9-54 所示。

步骤 04 输入【阵列】命令 AR，按空格键；单击选择多段线作为阵列对象，按空格键；输入【极轴阵列】命令 PO，按空格键；然后指定圆心为阵列的中心点，如图 9-55 所示。

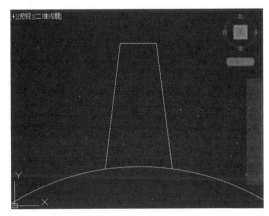

图 9-54　绘制多段线

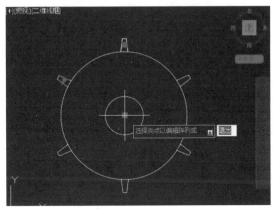

图 9-55　指定阵列的中心点

步骤 05 输入【项目数】36 并按空格键确认，再次按空格键结束阵列命令，如图 9-56 所示。

步骤 06 使用【修剪】命令 TR 修剪图形，效果如图 9-57 所示。

图 9-56　阵列对象

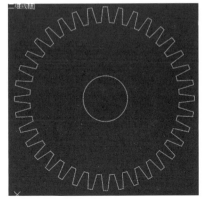

图 9-57　修剪图形

步骤 07 选择修剪后的对象，使用【创建块】命令 B 将其创建为块，如图 9-58 所示。

步骤 08 输入【按住并拖动】命令 PRESS，在【西南等轴测】视口中单击图形内部任意位置，向上移动十字光标，输入【高度】40，按空格键确认，完成齿轮模型的制作，如图 9-59 所示。

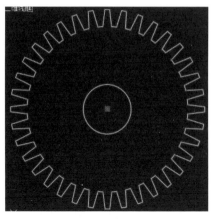

图 9-58 将对象创建为块

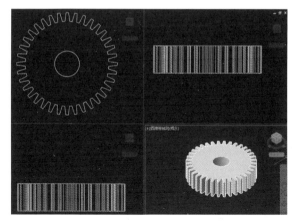

图 9-59 完成齿轮模型的制作

⊕ **同步训练——绘制弯管**

图解流程

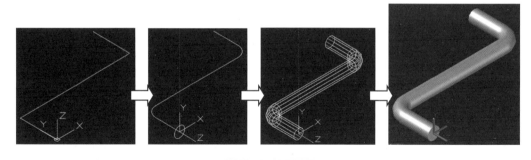

思路分析

本例首先设置网格密度，然后创建扫掠路径，再创建扫掠对象，完成弯管的绘制，得到最终效果。

关键步骤

步骤 01　新建图形文件，切换视图为【西南等轴测】，设置【ISOLINES】实体线框密度为 12。

步骤 02　输入并执行【多段线】命令 PL，指定起点为【0,0】并按空格键，按【F8】键打开正交模式，指定下一点，输入 20 并按空格键，如图 9-60 所示。

步骤 03　指定下一点，输入 60 并按空格键；指定下一点，输入 20 并按空格键，按空格键结束多段线命令，如图 9-61 所示。

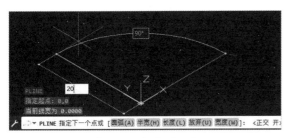

图 9-60　指定下一点

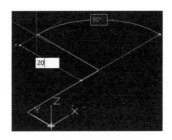

图 9-61　绘制多段线

步骤 04 输入并执行【圆角】命令 F，设置圆角半径为 6，依次对线段进行圆角，如图 9-62 所示。

步骤 05 输入并执行命令【UCS】，输入 X 然后按空格键将 X 轴旋转 90 度，如图 9-63 所示。

步骤 06 输入并执行【圆】命令 C，单击指定坐标原点为圆心，绘制半径为 3 的圆，如图 9-64 所示。

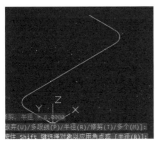

图 9-62　圆角对象

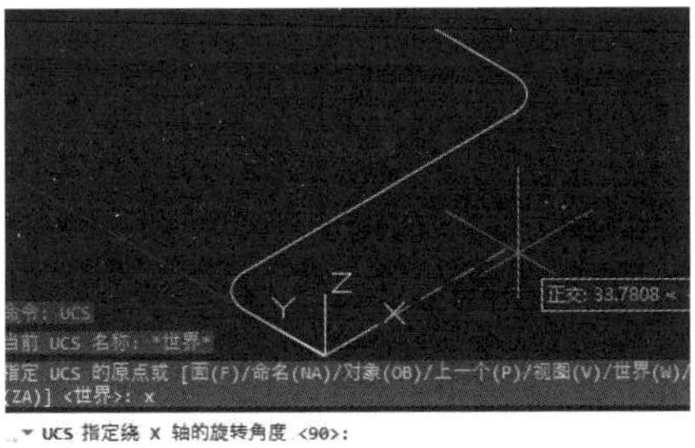

图 9-63　设置 UCS

图 9-64　绘制圆

步骤 07 输入【扫掠】命令 SW，单击圆作为扫掠对象并按空格键，单击多段线作为扫掠路径，效果如图 9-65 所示。

步骤 08 切换为【真实】视觉样式，如图 9-66 所示。

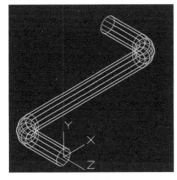

图 9-65　扫掠效果

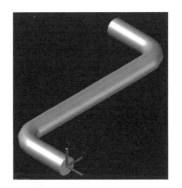

图 9-66　切换视觉样式

📎 知识能力测试

一、填空题

1. 将当前图形对象用三维线框模式显示，并将当前二维线框模型重生成且不显示隐藏线的三维模型称为 _____ 图形。

2. 在 AutoCAD 中，【三维动态观察】的快捷命令是 _____。

3.【拉伸】实体的快捷命令是 _____，【旋转】实体的快捷命令是 _____。

二、选择题

1. 绘制圆环体的快捷命令是（　　　）。

A. BOX　　　　　　　　B. DO　　　　　　　　C. TOR　　　　　　　　D. C

2. 控制轮廓边显示的命令是（　　　）。

A. ISOLINES　　　　　B. SURFTAB1　　　　C. FACETRES　　　　D. DISPSILH

3. 通过两个或两个以上的横截面生成三维模型的命令是（　　　）。

A. 放样　　　　　　　B. 扫掠　　　　　　　C. 按住并拖动　　　　D. 直纹曲面

三、简答题

1. 为什么通过二维对象创建的实体有些是面，而有些却是有厚度的实体？

2. 通过二维对象创建三维实体有哪些方法？分别适用于什么情况？

AutoCAD
2020

在制作三维模型的过程中，用户可以根据需要对模型进行编辑，以得到更多样的模型效果。

学习目标

- 掌握编辑三维实体对象的方法
- 掌握编辑实体的边和面的方法
- 掌握布尔运算的方法

编辑三维实体对象

在将图形从二维对象创建为三维对象，或直接创建三维基础体后，可以对三维对象进行整体编辑以改变其形状。

10.1.1 剖切三维实体

使用【剖切】命令 SLICE 可以将现有实体对象剖切以进行修改，具体操作步骤如下。

步骤 01 使用【楔体】命令 WE 根据提示创建楔体，输入【剖切】命令 SL，单击选择对象并按空格键，根据提示指定剖切平面上的第一点，如图 10-1 所示。

步骤 02 单击指定剖切平面上的第二点，如图 10-2 所示。

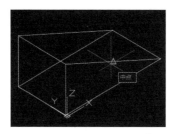

图 10-1 指定剖切平面上的第一点

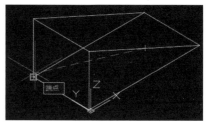

图 10-2 指定剖切平面上的第二点

步骤 03 单击要保留的侧面，如图 10-3 所示。

步骤 04 即可剖切所选对象，如图 10-4 所示。

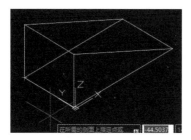

图 10-3 单击要保留的侧面

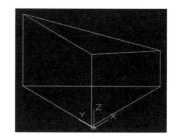

图 10-4 显示剖切效果

10.1.2 抽壳三维实体

使用【抽壳】命令可以给三维实体抽壳，该命令通过偏移被选中的三维实体的面，将原始面与偏移面之外的实体删除。偏移距离为正则三维实体的面向内偏移，偏移距离为负则三维实体的面向外偏移。抽壳的具体操作步骤如下。

步骤 01 绘制一个长方体，单击【实体】选项卡中的【抽壳】按钮，单击选择三维实体，如图 10-5 所示。

步骤 02 输入抽壳偏移距离，如"5"，按空格键，如图 10-6 所示。

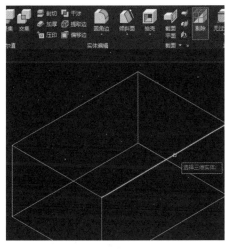

图 10-5 选择三维实体

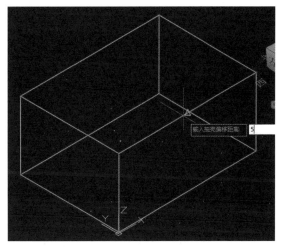

图 10-6 输入抽壳偏移距离

步骤 03 按空格键两次结束抽壳命令，效果如图 10-7 所示。

步骤 04 使用【部切】命令 SL 将三维实体从中间剖切开，以【概念】视觉样式显示，如图 10-8 所示。

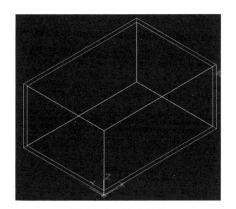

图 10-7 显示效果

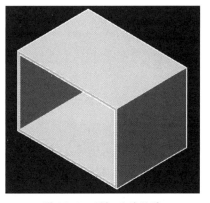

图 10-8 剖切后的效果

10.2 编辑实体的边和面

实体编辑命令提供了以特定方式编辑面、边和整个实体的选项，包括压印边、抽壳、倒角、圆角、布尔运算，以及对实体的边和面进行拉伸、移动、旋转、偏移、倾斜、复制、分割、清除、检查或删除等操作。

10.2.1　压印实体边

【压印】命令将位于某个面上的二维图形或三维几何实体与某个面相交获得的形状，与这个面合并，从而在平面上创建其他边。被压印的对象必须与选定对象的一个或多个面相交。压印实体边的具体操作步骤如下。

步骤 01　设置【ISOLINES】为 12，绘制一个圆锥体，以相同底面圆心绘制一个圆柱体，单击【压印】按钮 🔲，单击选择圆锥体为三维实体，如图 10-9 所示。

步骤 02　单击选择圆柱体为要压印的对象，如图 10-10 所示。

步骤 03　输入【Y】删除源对象，按空格键确认，完成压印操作，如图 10-11 所示。

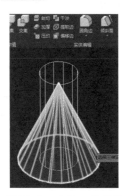

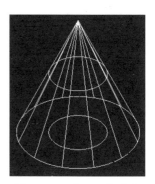

图 10-9　选择三维实体　　　　图 10-10　选择要压印的对象　　　　图 10-11　显示压印效果

10.2.2　圆角实体边

使用【圆角边】命令 FILLETEDGE 可以为三维实体对象的边制作圆角。圆角实体边的具体操作步骤如下。

步骤 01　绘制一个长方体，输入【圆角边】命令 F，单击选择对象上需要圆角的边，如图 10-12 所示。

步骤 02　按空格键确认，输入【圆角半径】，如 "100"，按空格键确认，按空格键两次结束圆角边命令，效果如图 10-13 所示。

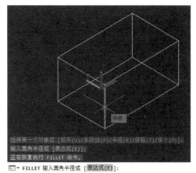

图 10-12　选择需要圆角的边　　　　　　　图 10-13　显示圆角边效果

10.2.3 倒角实体边

使用【倒角边】命令 CHAMFEREDGE 可以为三维实体对象的边制作倒角。倒角实体边的具体操作步骤如下。

步骤 01 绘制一个长方体，输入【倒角边】命令 CHA，选择要倒角的边所在的面为基准面，如图 10-14 所示。

步骤 02 输入【倒角距离 1】，如 "100"，按空格键；输入【倒角距离 2】，如 "200"，如图 10-15 所示。

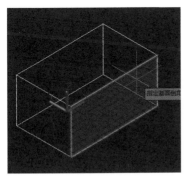

图 10-14 选择基准面

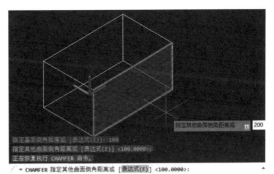

图 10-15 输入倒角距离

步骤 03 按空格键确认，选择需要倒角的边，如基准面左右两条边，如图 10-16 所示。

步骤 04 按空格键接受倒角，效果如图 10-17 所示。

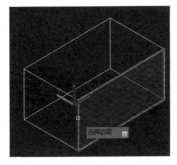

图 10-16 选择需要倒角的边

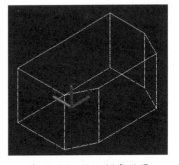

图 10-17 显示倒角效果

课堂范例——按住并拖动三维实体

步骤 01 绘制一个长方体，单击【按住并拖动】按钮，单击选择对象或对象的面，如图 10-18 所示。

步骤 02 输入拉伸高度，如 "600"，如图 10-19 所示。

步骤 03 按空格键两次结束【按住并拖动】命令，效果如图 10-20 所示。

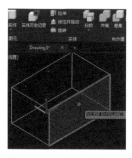
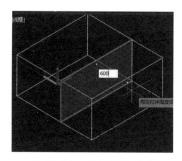
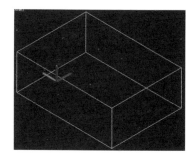

图 10-18　选择对象的面　　　　图 10-19　输入拉伸高度　　　　图 10-20　按住并拖动的效果

10.3　布尔运算实体对象

【布尔运算】通过对两个或两个以上的三维实体对象进行【并集】【差集】【交集】运算，得到新的三维实体对象。

10.3.1　并集运算

使用【并集】命令 UNION 可以将选定的三维实体或二维面域合并，但合并的对象必须是类型相同的对象，具体操作步骤如下。

步骤 01　输入【并集】命令 UNI，单击选择要合并的对象，如图 10-21 所示。

步骤 02　按空格键确认，所选对象即会被合并，效果如图 10-22 所示。

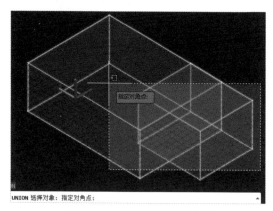
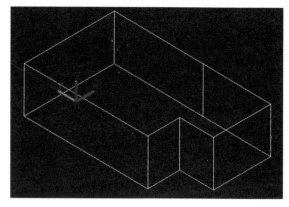

图 10-21　选择要合并的对象　　　　　　　图 10-22　合并对象

10.3.2　差集运算

使用【差集】命令 SUBTRACT 可以用后选择的三维实体减去先选择的三维实体，后选择的三维实体与先选择的三维实体相交的部分会一起被减去，具体操作步骤如下。

步骤 01 用【ISOLINES】设置线框密度为 20，绘制一个圆锥体，以相同圆心绘制一个圆柱体，输入【差集】命令 SU，单击选择要保留的对象，按空格键确认，如图 10-23 所示。

步骤 02 单击选择要减去的对象，如图 10-24 所示。

步骤 03 按空格键确认，效果如图 10-25 所示。

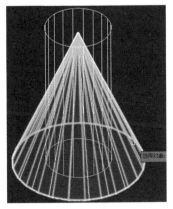 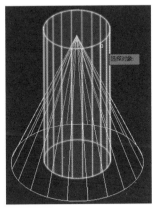 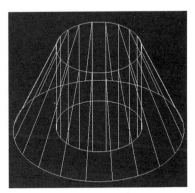

图 10-23 选择要保留的对象　　　图 10-24 选择要减去的对象　　　图 10-25 显示效果

10.3.3 交集运算

使用【交集】命令 INTERSECT 可以提取一组实体的公共部分，并创建为新的实体对象，具体操作步骤如下。

步骤 01 绘制一个圆管体和一个长方体，如图 10-26 所示。

步骤 02 输入【交集】命令 IN，单击选择对象，如图 10-27 所示。

步骤 03 按空格键确认，效果如图 10-28 所示。

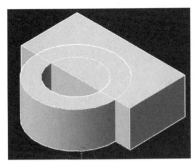 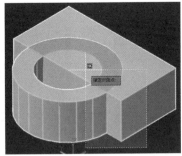 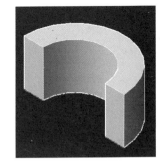

图 10-26 绘制几何体　　　图 10-27 选择对象　　　图 10-28 交集效果

课堂问答

通过本章的讲解，读者可以掌握编辑三维实体对象、编辑实体的边和面、布尔运算的方法，下面列出一些常见的问题供学习参考。

问题1：如何旋转三维实体？

答：使用【旋转】命令 ROTATE 可以在 *XY* 平面上旋转三维实体。若要在其他平面上旋转三维实体，需要使用【三维旋转】命令 3DROTATE，具体操作步骤如下。

步骤 01 绘制一个长方体，输入【三维旋转】命令 3R，单击选择要旋转的对象，如图 10-29 所示。

步骤 02 按空格键，对象中出现一个由 3 个旋转轴组成的旋转控件，该控件的蓝色旋转轴控制绕 *Z* 轴旋转，绿色旋转轴控制绕 *Y* 轴旋转，红色旋转轴控制绕 *X* 轴旋转，如图 10-30 所示。

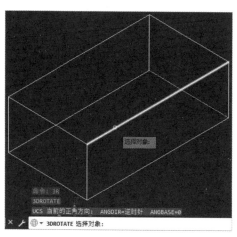

图 10-29　选择对象

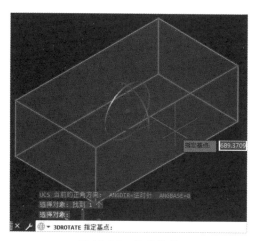

图 10-30　旋转控件

步骤 03 单击指定基点，旋转控件将随着基点移动；选择蓝色旋转轴，该旋转轴变为黄色，此时输入旋转角度，如"45"，如图 10-31 所示。

步骤 04 按空格键确认，长方体将绕 *Z* 轴旋转 90 度，如图 10-32 所示。

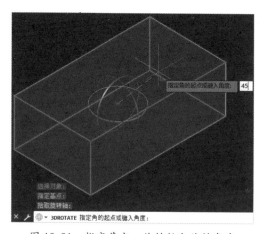

图 10-31　指定基点、旋转轴和旋转角度

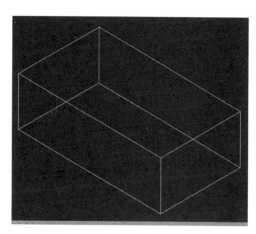

图 10-32　完成三维实体的旋转

问题2：如何对齐三维实体？

使用【三维对齐】命令 3DALIGN 可以在三维空间中将两个实体按指定的方式对齐，程序将根

据用户指定的对齐方式来改变实体的位置或缩放实体，具体操作步骤如下。

步骤 01　绘制两个长方体，输入【三维对齐】命令 AL，单击选择对象并按空格键，如图 10-33 所示。

步骤 02　在所选对象上单击指定第一个源点和第一个目标点，如图 10-34 所示。

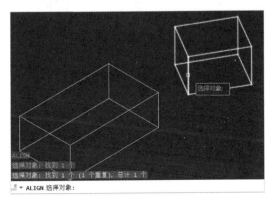

图 10-33　选择对象

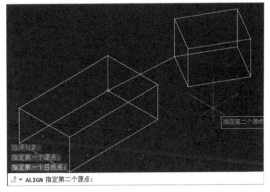

图 10-34　指定第一个源点和第一个目标点

步骤 03　指定第二、第三个源点和目标点，如图 10-35 所示。

步骤 04　按空格键确认即可对齐，如图 10-36 所示。

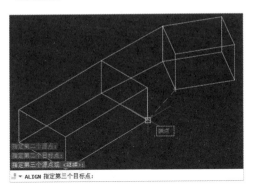

图 10-35　指定第二、第三个源点和目标点

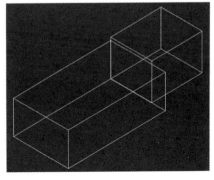

图 10-36　对齐效果

问题 3：如何拉伸三维实体的一个面？

答：使用【拉伸面】命令可以以指定的距离或沿某条路径拉伸三维实体的选定平面，具体操作步骤如下。

步骤 01　绘制一个棱锥体，在【常用】选项卡的【实体编辑】面板中单击【拉伸面】按钮，单击选择面，按空格键确认，如图 10-37 所示。

步骤 02　输入拉伸高度"500"，按空格键确认，输入倾斜角度"0"，如图 10-38 所示。

步骤 03　按空格键确认，完成所选面的拉伸，效果如图 10-39 所示。

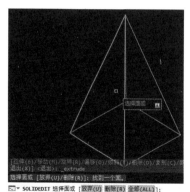

图 10-37 选择面

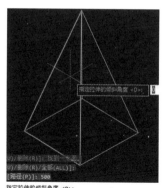
图 10-38 输入拉伸高度和倾斜角度

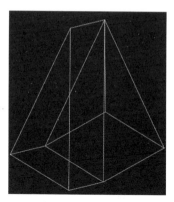
图 10-39 显示效果

为了帮助读者巩固本章知识点，下面讲解两个综合案例，使读者对本章的知识有更深入的了解。

上机实战——创建六角螺栓和螺母

效果展示

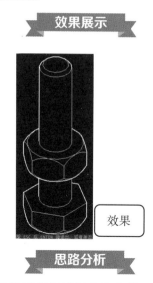

效果

思路分析

要绘制效果逼真的机械图形，通常需要创建复杂的实体。可以通过对实体进行加、减或合并操作来创建复杂的实体。

本例首先绘制多边形并拉伸，创建螺帽，然后绘制圆柱体螺纹，接下来创建螺母，最后合并对象，得到最终效果。

制作步骤

步骤 01 新建图形文件，将视图调整为【西南等轴测】视图，输入【多边形】命令 POL，输入侧面数 "6"，按空格键，指定正多边形的中心点，如图 10-40 所示。

步骤 02 按空格键确认默认选项，输入圆的半径 "16.6"，按空格键两次，如图 10-41 所示。

图 10-40　指定正多边形的中心点

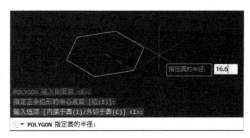

图 10-41　输入圆的半径

步骤 03　输入【拉伸】命令 EXT，单击选择六边形为拉伸对象，输入子命令【模式】MO，如图 10-42 所示。

步骤 04　按空格键确认执行默认选项【实体】，输入拉伸高度"-11.62"，如图 10-43 所示。

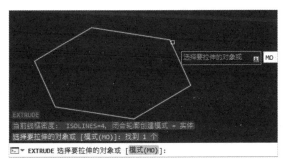

图 10-42　输入子命令

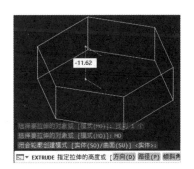

图 10-43　输入拉伸高度

步骤 05　创建螺帽上的过渡圆角，输入【球体】命令 SPH，指定六棱柱上底中心点为球体中心点，下底边线中点为球体半径，如图 10-44 所示。

步骤 06　输入【交集】命令 IN，选择两个对象，如图 10-45 所示。按空格键确认，效果如图 10-46 所示。

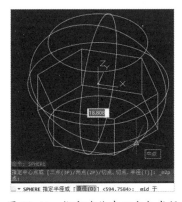

图 10-44　指定球体中心点与半径

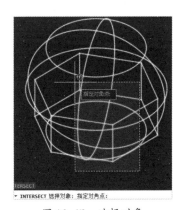

图 10-45　选择对象

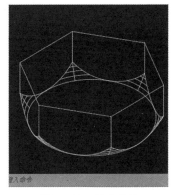

图 10-46　显示效果

步骤 07　输入【圆柱体】命令 CYL，指定中心点，输入底面半径"8.3"，如图 10-47 所示。按空格键确认，输入圆柱体高度"80"，按空格键确认，完成圆柱体的绘制，如图 10-48 所示。

步骤 08　输入【ISOL】命令，将当前线框密度由"4"调整为"8"，如图 10-49 所示。

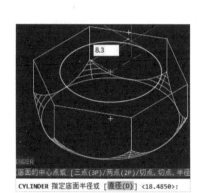

图 10-47　输入底面半径

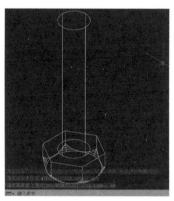

图 10-48　绘制圆柱体

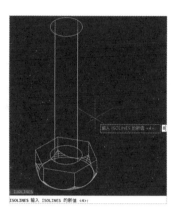

图 10-49　设置线框密度

步骤 09　输入【重生成】命令 RE，按空格键确认。输入【倒角】命令 CHA，单击选择要倒角的对象，按空格键确认曲面选择选项为【当前】，如图 10-50 所示。

步骤 10　输入基面倒角距离"1.66"，按空格键确认，单击选择要倒角的边，如图 10-51 所示。按空格键确认，效果如图 10-52 所示。

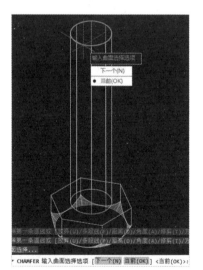

图 10-50　选择倒角对象并确认
曲面选择选项

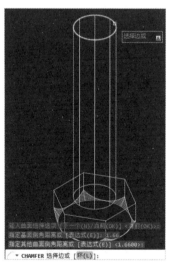

图 10-51　选择要倒角的边

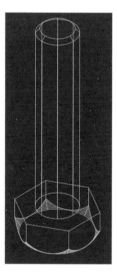

图 10-52　倒角效果

步骤 11　输入并执行【多边形】命令 POL，指定侧面数为 6，指定中心点并确认，如图 10-53 所示。输入圆的半径"16.6"，按空格键确认。

步骤 12　使用【拉伸】命令将六边形向上拉伸 13.28，如图 10-54 所示。

步骤 13　将新绘制的六棱柱向 Z 轴正方向移动 20，如图 10-55 所示。

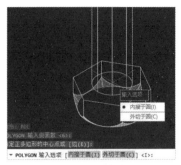

图 10-53 指定中心点

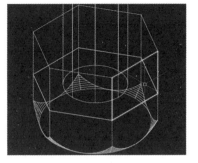

图 10-54 向上拉伸

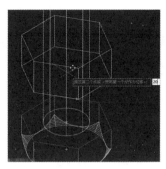

图 10-55 移动六棱柱

步骤 14 创建螺母下端的过渡圆角。输入【球体】命令 SPH，指定新六棱柱上底中心点为球体中心点，下底边线中点为球体半径，如图 10-56 所示。

步骤 15 输入【交集】命令 IN，选择两个对象，如图 10-57 所示。按空格键确认，如图 10-58 所示。

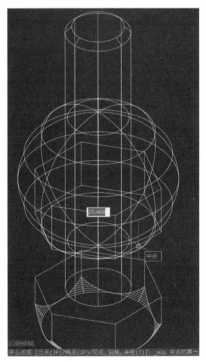

图 10-56 绘制球体

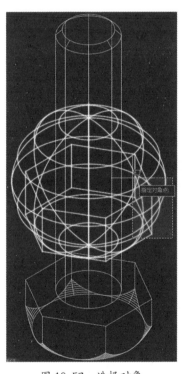

图 10-57 选择对象

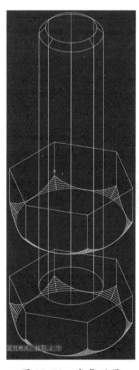

图 10-58 交集效果

步骤 16 创建螺母上端的过渡圆角。输入【球体】命令，指定新六棱柱下底中心点为球体中心点，上底边线中点为球体半径，如图 10-59 所示。

步骤 17 输入【交集】命令 IN，选择两个对象，如图 10-60 所示。按空格键确认，如图 10-61 所示。

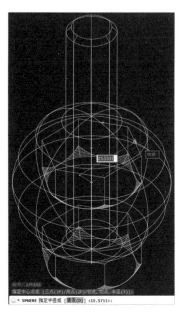

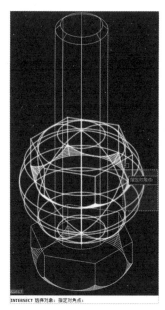
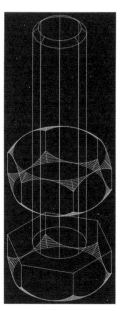

图 10-59　绘制球体　　　　　图 10-60　选择对象　　　　　图 10-61　交集效果

步骤 18　输入【复制】命令 CO，选择螺纹，将下端圆心指定为基点，在该圆心处单击指定第二点，即可将螺纹在原位置复制一份，如图 10-62 所示。

步骤 19　输入【差集】命令 SU，单击选择要从中减去某部分的对象，按空格键确认，如图 10-63 所示。单击选择要减去的对象，如图 10-64 所示。

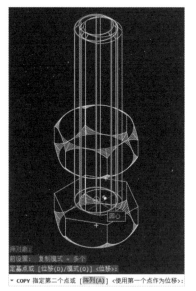
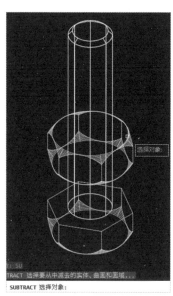
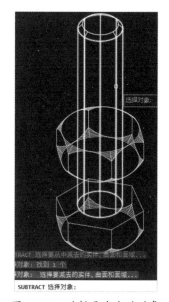

图 10-62　原位复制　　　图 10-63　选择要从中减去某部分的对象　　　图 10-64　选择要减去的对象

步骤 20　按空格键确认，效果如图 10-65 所示。

步骤 21　输入【并集】命令 UNI，单击选择螺帽和螺纹，如图 10-66 所示。按空格键确认，完成所选对象的合并，如图 10-67 所示。

步骤 22　调整视觉样式为【隐藏】，最终效果如图 10-68 所示。

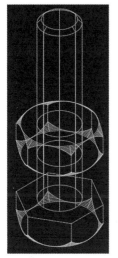

图 10-65　差集效果

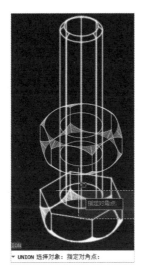

图 10-66　选择对象

图 10-67　并集效果

图 10-68　最终效果

同步训练——创建支撑座模型

图解流程

思路分析

　　本例首先设置视口和视图，然后创建长方体并移动到相应位置，接下来创建圆柱体并移动到相应位置，最后使用【差集】运算命令完成模型的制作，得到最终效果。

关键步骤

步骤 01 在【三维建模】工作空间中，输入【视口】命令 VPORTS，单击选择【四个：相等】，将视口设置为"三维"。在四个视口中，分别设置左上角视图为【俯视】，右上角视图为【左视】，左下角视图为【前视】，右下角视图为【西南等轴测】，设置【西南等轴测】视图的视觉样式为【概念】，如图 10-69 所示。

步骤 02 输入【长方体】命令 BOX，在俯视图中绘制一个【长】为 700，【宽】为 200，【高】为 240 的长方体，如图 10-70 所示。

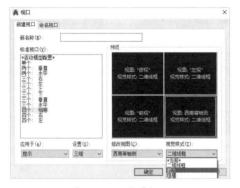

图 10-69 设置视口

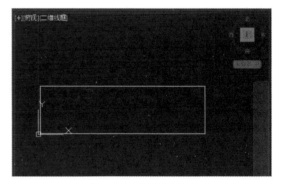

图 10-70 绘制长方体

步骤 03 重复执行【长方体】命令，绘制【长】为 360，【宽】为 200，【高】为 430 的长方体，使用【移动】命令，捕捉底边中点移动至第一个长方体底边中点位置重合，如图 10-71 所示。

步骤 04 执行【直线】命令 L，绘制辅助中线，输入【圆柱体】命令 CYL，以中线中点为底面圆心绘制【半径】为 90，【高】为 250 的圆柱体，如图 10-72 所示。

步骤 05 输入【镜像】命令 MI，将圆柱体镜像复制到右侧，如图 10-73 所示。

图 10-71 绘制并移动长方体

图 10-72 绘制圆柱体

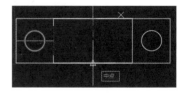

图 10-73 镜像复制圆柱体

步骤 06 选择【前视】视口，捕捉底边中点，绘制【高】为 250 的辅助中线，以中线的端点为底面圆心，绘制【半径】为 100，【高】为 250 的圆柱体，如图 10-74 所示。

步骤 07 调整位置，删除辅助线，在西南等轴测视图中的效果如图 10-75 所示。

步骤 08 输入【差集】命令 SU，根据系统提示，选择两个长方体为被减去的对象，选择三个圆柱体为减去的对象，完成绘制，最终效果如图 10-76 所示。

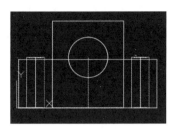

图 10-74 绘制圆柱体

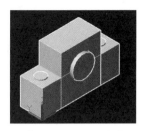

图 10-75 显示效果

图 10-76 最终效果

知识能力测试

一、填空题

1. ＿＿＿＿＿＿＿命令不仅可以把相交实体组合成为一个复合对象，还可以把不相交实体组合成为一个对象。

2. 对三维实体进行布尔运算的方式有 ＿＿＿＿＿＿、＿＿＿＿＿＿、＿＿＿＿＿＿ 三种。

3. 在 AutoCAD 中，【剖切】的快捷命令是 ＿＿＿＿＿＿。

二、选择题

1. 以下不属于实体编辑命令的是（ ）。

A. 剖切   B. 抽壳   C. 边界曲面   D. 偏移面

2. 布尔运算交集的命令是（ ）。

A. UNI   B. SU   C. IN   D. INF

3. 世界坐标的简称是（ ）。

A. WCS   B. UCS   C. OCS   D. RCS

三、简答题

1. 圆角命令运用在二维对象和三维对象上有什么不同？

2. 在进行布尔运算时，选择对象有先后顺序吗？

AutoCAD
2020

第11章
动画、灯光、材质与渲染

在 AutoCAD 2020 中，不仅可以创建二维图形和三维图形，还可以创建动画。在完成模型的创建后，还能赋予材质、布置灯光，并将场景渲染为图片并输出打印。

学习目标

- 学会制作动画的方法
- 掌握设置灯光的方法
- 掌握设置材质的方法

11.1 制作动画

在 AutoCAD 2020 中，可以使用二维线条创建简单的动画，本节主要讲解制作动画的方法和过程。

11.1.1 创建运动路径动画

在 AutoCAD 2020 中创建动画主要使用【运动路径动画】命令，可创建动画的对象包括直线、圆弧、椭圆弧、椭圆、圆、多段线、三维多段线和样条曲线，具体操作步骤如下。

步骤 01　打开"素材文件 \ 第 11 章 \11-1-1.dwg"，单击【工作空间】后的下拉按钮▼，单击【显示菜单栏】命令，如图 11-1 所示。

步骤 02　单击【视图】菜单，选择【运动路径动画】命令，打开【运动路径动画】对话框，如图 11-2 所示。

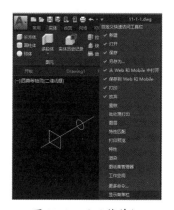

图 11-1　显示菜单栏

图 11-2　打开【运动路径动画】对话框

步骤 03　在【相机】区域中选择【路径】单选按钮，单击【选择对象】按钮 ，如图 11-3 所示。

步骤 04　单击选择相机路径，如图 11-4 所示。

步骤 05　弹出【路径名称】对话框，输入名称，如"相机路径 1"，单击【确定】按钮，如图 11-5 所示。

图 11-3　单击【选择对象】按钮

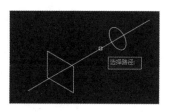

图 11-4　选择相机路径

图 11-5　【路径名称】对话框

步骤 06　在【目标】区域中选择【路径】单选按钮，单击【选择对象】按钮 ，如图 11-6 所示。

步骤 07　单击选择目标路径，如图 11-7 所示。

图 11-6　单击【选择对象】按钮

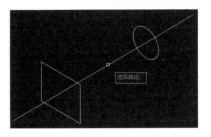

图 11-7　选择目标路径

步骤 08　弹出【路径名称】对话框，默认名称为【路径 1】，单击【确定】按钮，如图 11-8 所示。

步骤 09　在【运动路径动画】对话框左下角单击【预览】按钮，显示动画预览，如图 11-9 所示。

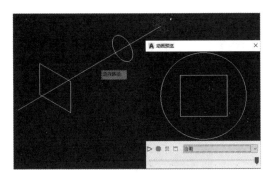

图 11-8　【路径名称】对话框

图 11-9　动画预览

11.1.2　动画设置

【运动路径动画】对话框的右侧区域为动画设置的相关内容，调整其中的选项，可以改变动画效果，具体操作步骤如下。

步骤 01　关闭【动画预览】对话框，调整【动画设置】区域中的选项，勾选【反向】复选框，如图 11-10 所示。

步骤 02　单击【预览】按钮，如图 11-11 所示。

图 11-10　调整选项

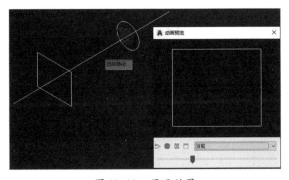

图 11-11　显示效果

步骤 03 关闭【动画预览】对话框，单击【确定】按钮，在【文件名】文本框中输入文件名，单击【保存】按钮，如图 11-12 所示。

步骤 04 即可查看保存的【运动路径动画1】文件，如图 11-13 所示。

图 11-12 输入文件名并保存

图 11-13 查看保存的文件

技能拓展 保存创建的动画时，文件名默认为【wmv1.wmv】，可以直接使用默认文件名，也可以更改文件名；文件类型默认为【WMV 动画】。

11.2 设置灯光

在 AutoCAD 2020 中，用户可以根据需要创建光源并查看效果，本节将对灯光进行详细的介绍。

11.2.1 创建点光源

【点光源】POINTLIGHT 从指定位置向所有方向发射光线，使用点光源可以获得基本照明效果，具体操作步骤如下。

步骤 01 打开"素材文件\第11章\11-2-1.dwg"，在【三维建模】工作空间中单击【可视化】选项卡，单击【创建光源】按钮，如图 11-14 所示。

步骤 02 弹出【光源 - 视口光源模式】提示框，单击选择【关闭默认光源（建议）】选项，如图 11-15 所示。

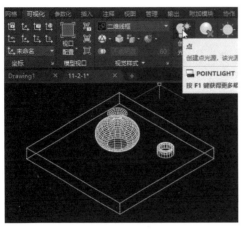

图 11-14　单击【创建光源】按钮

图 11-15　选择【关闭默认光源（建议）】选项

步骤 03　单击指定光源的位置，按空格键两次确认，即可创建点光源，如图 11-16 所示。

步骤 04　单击【视觉样式控件】，选择【着色】选项，查看创建的点光源的照明效果，如图 11-17 所示。

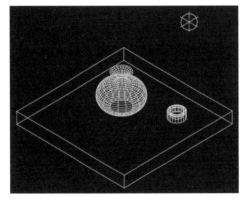

图 11-16　创建点光源

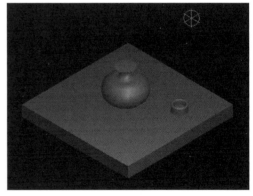

图 11-17　查看照明效果

技能
拓展
　　在激活【点光源】命令后，也可以输入精确的光源位置，按空格键确认即可创建点光源。

11.2.2　创建聚光灯

【聚光灯】SPOTLIGHT 是发射出一个圆锥形光柱的光源。创建聚光灯的具体操作步骤如下。

步骤 01　打开"素材文件 \ 第 11 章 \11-2-2.dwg"，最大化西南等轴测视图，单击【创建光源】下拉按钮，单击【聚光灯】命令，如图 11-18 所示。

步骤 02　指定源位置【305,500,-320】，如图 11-19 所示，按空格键确认。

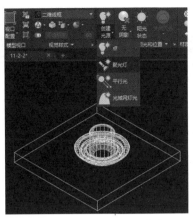

图 11-18　单击【聚光灯】命令

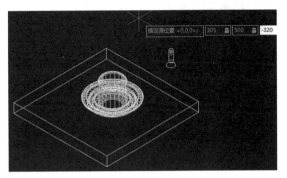

图 11-19　指定源位置

步骤 03　单击指定光源的位置，按空格键两次确认，即可创建聚光灯，如图 11-20 所示。

步骤 04　单击【视觉样式控件】，选择【着色】选项，查看创建的聚光灯的照明效果，如图 11-21 所示。

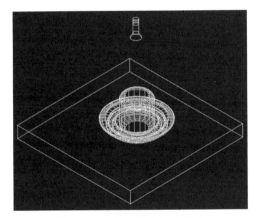

图 11-20　完成聚光灯的创建

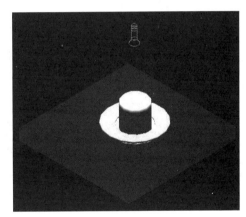

图 11-21　查看照明效果

11.2.3　创建平行光

平行光类似于太阳光，光线是从很远的地方射来的，因此在实际应用中，光线是平行的。创建平行光的具体操作步骤如下。

步骤 01　打开"素材文件 \ 第 11 章 \11-2-3.dwg"，单击【创建光源】下拉按钮，单击【平行光】命令，单击【关闭默认光源（建议）】选项，选择【允许平行光】选项，如图 11-22 所示。

步骤 02　单击指定光源来向，如图 11-23 所示。

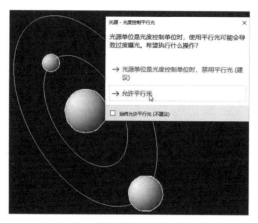

图 11-22　选择【允许平行光】选项

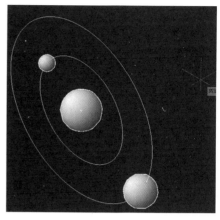

图 11-23　指定光源来向

步骤 03　单击指定光源去向，如图 11-24 所示。按空格键确认，效果如图 11-25 所示。

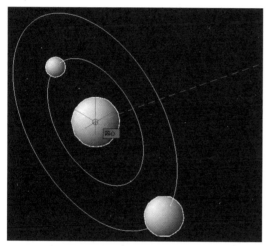

图 11-24　指定光源去向

图 11-25　显示效果

11.3 设置材质

将材质添加到模型上，可以使其效果更加逼真。在选择材质的过程中，不仅要了解对象本身的材质属性，还需要配合场景的实际用途、采光条件等。本节将介绍设置模型材质的方法。

11.3.1　创建材质

使用材质编辑器可以创建材质，并可以将创建的材质赋予模型对象，具体操作步骤如下。

步骤 01 打开"素材文件 \ 第 11 章 \11-3-1.dwg",单击【材质浏览器】按钮，打开【材质浏览器】面板，如图 11-26 所示。

步骤 02 单击【Autodesk 库】下拉按钮，选择【金属漆】，选择【缎光－淡紫色】，单击【将材质添加到文档中】按钮，如图 11-27 所示，即可完成材质的创建。

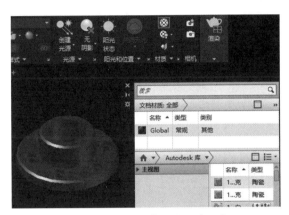

图 11-26 打开【材质浏览器】

图 11-27 单击【将材质添加到文档中】按钮

步骤 03 选择需要指定材质的对象，在添加到文档中的材质类型上右击，在弹出的菜单中单击【指定给当前选择】选项，如图 11-28 所示。

步骤 04 即可为所选模型对象指定材质，效果如图 11-29 所示。

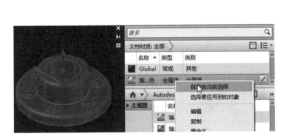

图 11-28 指定给当前选择

图 11-29 显示效果

11.3.2 编辑材质

如果已创建的材质不能满足当前模型的需要，就需要对模型的材质进行相应的编辑，具体操作步骤如下。

步骤 01 打开"素材文件 \ 第 11 章 \11-3-2.dwg"，单击【材质浏览器】按钮，打开【材质浏览器】面板，如图 11-30 所示。

步骤 02 在已创建的材质的空白处双击，打开【材质编辑器】面板，如图 11-31 所示。

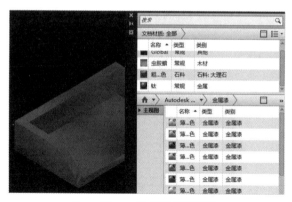

图 11-30　打开【材质浏览器】

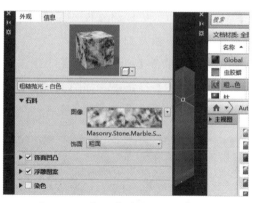

图 11-31　打开【材质编辑器】面板

步骤 03 单击【图像】后的下拉按钮，选择【波浪】选项，如图 11-32 所示。弹出【纹理编辑器】面板，单击【变换】下拉按钮，如图 11-33 所示。

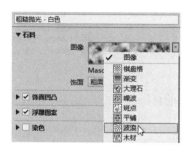

图 11-32　选择【波浪】选项

图 11-33　单击【变换】下拉按钮

步骤 04 【波浪】效果不理想，因此关闭【纹理编辑器】，在【材质编辑器】中选择【大理石】选项，如图 11-34 所示。

步骤 05 即完成对所选模型对象材质的编辑，效果如图 11-35 所示。

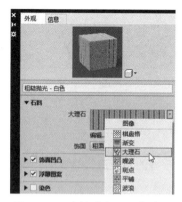

图 11-34　选择【大理石】选项

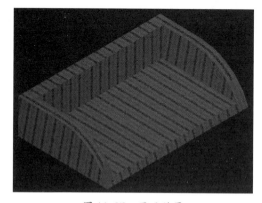

图 11-35　显示效果

课堂问答

通过本章的讲解，读者可以掌握制作动画、设置灯光、设置材质的方法，下面列出一些常见的问题供学习参考。

问题 1：如何编辑光源？

答：如果要编辑光源，需要使用【模型中的光源】选项板，在该选项板中选择需要编辑的光源并双击，打开【特性】面板，调整相应的内容，即可对光源进行编辑，具体操作步骤如下。

步骤 01 单击【光源】面板右下角的【模型中的光源】按钮 ，打开【模型中的光源】选项板，如图 11-36 所示。

步骤 02 在【模型中的光源】选项板中可以选择、修改和删除光源。要选择某个光源，在该选项板中单击该光源即可；双击该光源，即可打开【特性】面板，如图 11-37 所示。

图 11-36 【模型中的光源】选项板　　　　图 11-37 【特性】面板

问题 2：如何渲染模型？

通过渲染可以将模型对象的光照效果、材质效果及环境效果等完美地展现出来，渲染环境设置完成后，即可对当前视图中的模型对象进行渲染，具体操作步骤如下。

步骤 01 打开"素材文件\第 11 章\问题 2.dwg"，单击【渲染到尺寸】按钮 ，打开【渲染】窗口，如图 11-38 所示。

步骤 02 单击【将渲染的图像保存到文件】按钮 ，打开【渲染输出文件】对话框，设置存储位置，在【文件名】文本框中输入文件名，设置【文件类型】为【JPEG】，单击【保存】按钮，如图 11-39 所示。

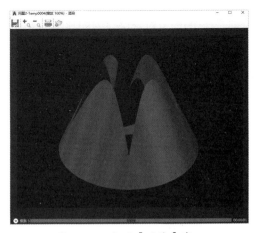 

图 11-38 打开【渲染】窗口　　　　图 11-39 输入文件名

步骤 03 在打开的【JPG 图像选项】对话框中设置质量为 100，单击【确定】按钮，如图 11-40 所示。

图 11-40 设置图像质量

为了帮助读者巩固本章知识点，下面讲解两个综合案例，使读者对本章的知识有更深入的了解。

上机实战——创建茶具材质并渲染

效果展示

素材

效果

思路分析

本例首先打开素材文件，通过材质浏览器创建、编辑材质，并将材质赋予相应的对象；接着创建点光源；然后选择相应的渲染条件渲染模型，最后将渲染的模型对象保存为图片。

制作步骤

步骤 01 打开"素材文件 \ 第 11 章 \ 茶具 .dwg"，单击【材质浏览器】按钮，创建材质【金色玻璃】，如图 11-41 所示。

步骤 02 选择需要设置材质的对象，在所选材质的空白处右击，单击【指定给当前选择】命令，如图 11-42 所示。

图 11-41　创建材质

图 11-42　指定给当前选择

步骤 03　设置玻璃材质后效果如图 11-43 所示。

步骤 04　用同样的方法给另外两个杯子设置木材材质，如图 11-44 所示。

图 11-43　显示材质效果

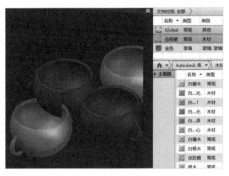

图 11-44　设置木材材质

步骤 05　单击【创建光源】下拉按钮，单击【点】命令，弹出【光源 - 视口光源模式】提示框，单击【关闭默认光源（建议）】选项，在适当位置单击，按空格键确认，完成点光源的创建，如图 11-45 所示。

步骤 06　单击【模型中的光源】下拉按钮，双击【点光源 1】，设置【灯的强度】为【600.000Cd】，如图 11-46 所示。

图 11-45　创建点光源

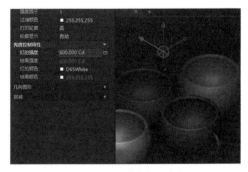

图 11-46　设置光源参数

步骤 07　单击【渲染预设】下拉按钮，选择【高】选项，单击【渲染到尺寸】按钮，如

图 11-47 所示。

步骤 08 在【渲染】窗口中单击【将渲染的图像保存到文件】按钮![img]，在【渲染输出文件】对话框中设置保存位置，输入【文件名】，单击【保存】按钮，最终效果如图 11-48 所示。

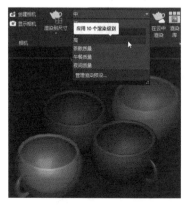

图 11-47　选择渲染质量　　　　　　　　　　　图 11-48　最终效果

🌐 同步训练——渲染花瓶

图解流程

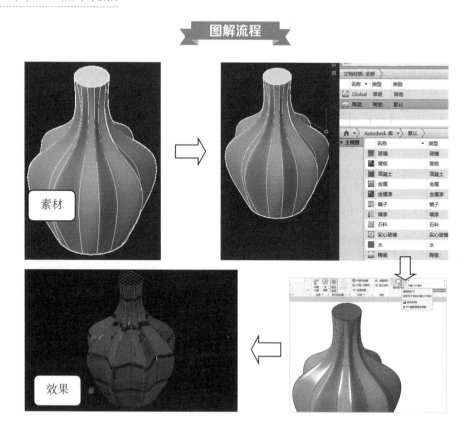

⟨ 思路分析 ⟩

创建工艺品模型并赋予材质后进行渲染出图，是 AutoCAD 的一个重要功能。

本例首先打开提供的图形素材文件，然后创建材质，再编辑材质，最后进行渲染，完成效果制作。

⟨ 关键步骤 ⟩

步骤 01　打开"素材文件 \ 第 11 章 \ 花瓶 .dwg"，在【三维建模】工作空间中单击【视图】选项卡，单击【材质浏览器】按钮 ▣，打开【材质浏览器】面板；单击【Autodesk 库】下拉按钮，选择陶瓷，单击【将材质添加到文档中】按钮 ⬆，将添加的材质拖曳到花瓶上，如图 11-49 所示。

步骤 02　在【陶瓷】材质的空白处双击，在打开的【材质编辑器】面板中勾选【浮雕图案】选项，如图 11-50 所示。

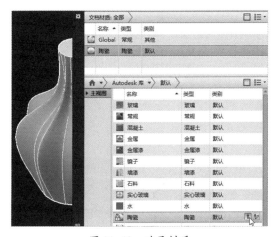

图 11-49　赋予材质

图 11-50　勾选【浮雕图案】

步骤 03　单击【（未选定图像）】，打开【材质编辑器打开文件】对话框，单击选择材质，如【Medrust3】，单击【打开】按钮，如图 11-51 所示。

步骤 04　单击【颜色】后的下拉按钮 ▾，选择【平铺】选项，如图 11-52 所示。

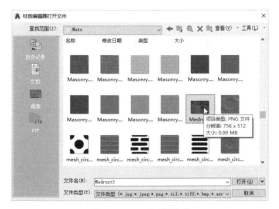

图 11-51　选择材质

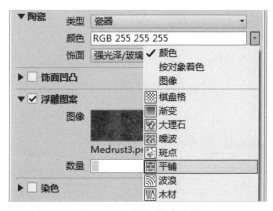

图 11-52　调整材质效果

步骤 05 打开【纹理编辑器-Image】面板,设置填充图案类型为【叠层式砌法】,【瓷砖计数】为每行 0,每列 12。

步骤 06 单击【可视化】选项卡,单击【渲染到尺寸】按钮，在打开的提示框中单击【在不使用中等质量图像库的情况下工作】。

步骤 07 打开【渲染】窗口,单击【将渲染的图像保存到文件】按钮，打开【渲染输出文件】对话框,设置存储位置,在【文件名】文本框中输入文件名,如【花瓶 .jpeg】,单击【保存】按钮,在打开的【JPEG 图像选项】对话框中单击【确定】按钮。

知识能力测试

一、填空题

1. 在 AutoCAD 2020 中创建动画主要使用 _____ 命令。

2. _____ 命令可以创建发射出一个圆锥形光柱的光源。

3. 使用 _____ 可以创建材质,并可以将新创建的材质赋予模型对象,为渲染视图提供逼真效果。

二、选择题

1. 保存创建的动画时,文件名默认为( )。

A.【acad.dwg】 B.【wmv1. Wmv】 C.【Drawing1.dwg】 D.【Drawing1.png】

2. 在( )选项板中,可以编辑光源。

A.【模型中的光源】 B.【特性】 C.【材质浏览器】 D.【材质编辑器】

3. 通过( )可以将模型对象的光照效果、材质效果及环境效果等完美地展现出来。

A. 渲染 B. 材质 C. 灯光 D. 动画

三、简答题

1. AutoCAD 中各种光源的特点分别是什么?

2. 请简述渲染的必要性。

AutoCAD
2020

第12章
商业案例实训

AutoCAD 被广泛应用于各种领域，包括室内装饰设计、建筑设计、园林景观设计、机械设计等。本章通过对几个实例的讲解，帮助用户加深对软件知识与操作技巧的理解。

学习目标

- 掌握绘制家装平面设计图的方法
- 掌握绘制多层建筑立面图的方法
- 掌握创建小区景观设计图的方法
- 掌握制作机械电主轴套模型的方法

12.1 室内装饰案例：绘制家装平面设计图

效果展示

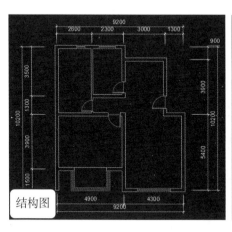

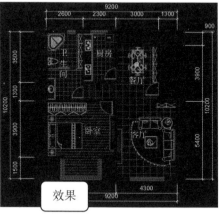

思路分析

平面设计图是室内设计的关键性图样，它在原始结构平面的基础上，根据业主和设计师的设计意图，对室内空间进行详细的功能划分和室内设施的定位。

本例首先绘制户型图，然后调入家具图例，根据尺寸调整到合适的位置，最后标注文字说明和外部尺寸，完成平面设计图的绘制，得到最终效果。

制作步骤

步骤 01　执行【图层特性】命令 LA，打开【图层特性管理器】面板，新建图层并设置图层特性，将【中心线】图层设置为当前图层，如图 12-1 所示。

步骤 02　按【F8】键打开正交模式，使用【构造线】命令 XL 绘制水平与竖直两条相交线，使用【偏移】命令 O 将竖直线向右依次偏移 2600、2300、3000、1300；将水平线向下依次偏移 900、2600、1300、3900、1500，如图 12-2 所示。

图 12-1　设置图层

图 12-2　绘制中心线

步骤 03 选择【墙线】图层,执行【多线】命令 ML,设置多线比例为 120,对正方式为【无】,绘制墙线;绘制完成后选择多线对象,执行【分解】命令 X,分解多线,如图 12-3 所示。

步骤 04 关闭【中心线】图层,用命令【L】绘制直线,然后根据门窗洞的尺寸偏移直线,执行【修剪】命令 TR,修剪多余墙线,创建门洞、窗洞;根据门窗洞的尺寸,结合【复制】【修剪】【删除】命令,绘制门窗,如图 12-4 所示。

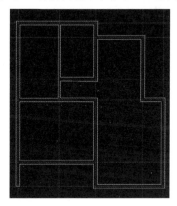

图 12-3 绘制墙线

图 12-4 绘制门窗

步骤 05 执行命令【D】打开【标注样式管理器】对话框,新建【室内装饰】标注样式,单击【关闭】按钮,如图 12-5 所示。

步骤 06 使用【线性标注】命令 DLI 和【连续标注】命令 DCO 标注户型的尺寸,如图 12-6 所示。

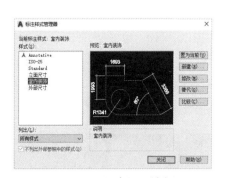

图 12-5 新建标注样式

图 12-6 标注尺寸

温馨提示

户型图主要反映室内空间的分割设计,对活动空间进行功能分区。

步骤 07 打开【图层特性管理器】面板,将【家具线】图层设置为当前图层,如图 12-7 所示。

步骤 08 隐藏辅助线,复制当前图形。在复制得到的图形中删除内部多余标注,打开素材"素材文件\第 12 章\图库 .dwg",复制沙发和电视图例并粘贴到当前文件中,结合【旋转】【移动】命令将这些家具移动到合适的位置,如图 12-8 所示。

图 12-7　设置当前图层

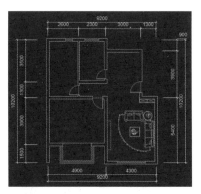

图 12-8　复制图例

步骤 09　选择素材中的家具图例，逐一复制并粘贴至适当位置，如图 12-9 所示。

步骤 10　执行【填充】命令 H，选择图案【DOLMIT】，将【比例】设置为 30，填充卧室，如图 12-10 所示。

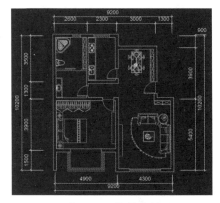

图 12-9　复制图例

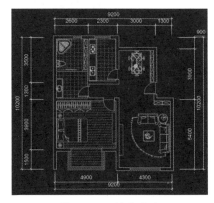

图 12-10　填充卧室

步骤 11　继续使用【填充】命令，选择图案【NET】，填充地面，如图 12-11 所示。

步骤 12　选择【文字】图层，使用【多行文字】命令 T 创建说明文字，完成平面设计图的绘制，如图 12-12 所示。

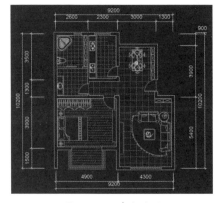

图 12-11　填充地面

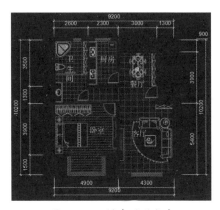

图 12-12　创建说明文字

12.2 建筑设计案例：绘制多层建筑立面图

效果展示

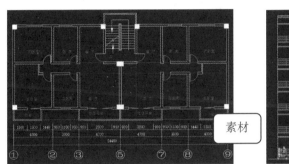

素材

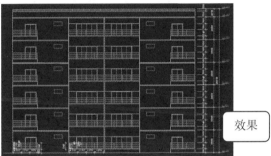

效果

思路分析

建筑为人们提供了各种各样的活动场所，是人类利用物质和技术手段建造起来，以满足自身活动需求的各种空间环境。

本例主要绘制建筑立面图，首先绘制建筑立面框架，接着绘制建筑立面的窗户和阳台，然后绘制建筑屋顶立面部分，最后标注建筑立面图，得到最终效果。

制作步骤

步骤 01　打开"素材文件 \ 第 12 章 \ 建筑平面图 .dwg"，执行【直线】命令 L，在平面图中的合适位置绘制一条直线，如图 12-13 所示。

步骤 02　使用【修剪】命令 TR，修剪多余图形；使用【直线】命令 L，绘制一条水平辅助线，如图 12-14 所示。

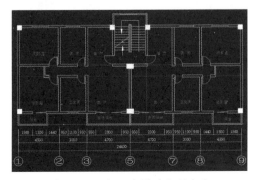

图 12-13　打开素材并绘制直线

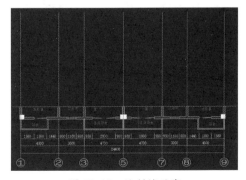

图 12-14　绘制辅助线

步骤 03　使用【直线】命令 L 绘制立面墙，高为 19070；执行【偏移】命令 O，将水平线向上偏移 3000 六次；然后各向下偏移 100，如图 12-15 所示。

步骤 04　使用【偏移】命令 O，将中间的竖直线向左右各偏移 60，如图 12-16 所示。

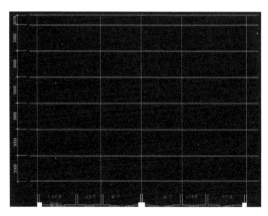
图 12-15　偏移水平线

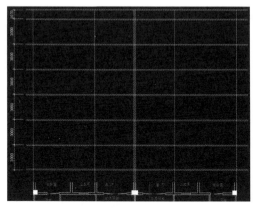
图 12-16　偏移竖直线

步骤 05　执行【偏移】命令 O，将各下端水平线向上依次偏移 500、1670、1330，如图 12-17 所示。

步骤 06　执行【修剪】命令 TR，对偏移对象进行修剪，效果如图 12-18 所示。

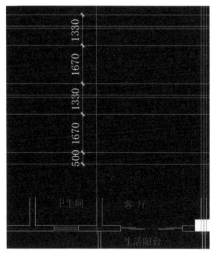
图 12-17　偏移水平线

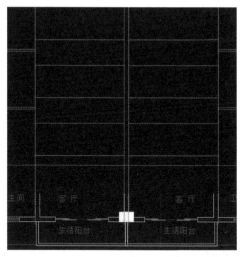
图 12-18　修剪偏移对象

步骤 07　执行【直线】命令 L，按照平面图绘制立面界线，如图 12-19 所示。

步骤 08　执行【多段线】命令 PL，绘制门窗立面图，门高为 2100，窗高为 1913；执行【偏移】命令 O，将门窗边框向内偏移 50，如图 12-20 所示。

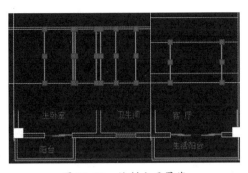

图 12-19 绘制立面界线

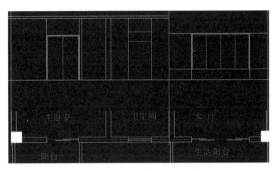

图 12-20 绘制门窗立面图

步骤 09 结合【直线】【偏移】【修剪】命令绘制护栏，如图 12-21 所示。

步骤 10 执行【复制】命令 CO，对绘制好的护栏进行复制操作，然后创建楼顶的护栏，如图 12-22 所示。

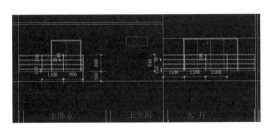

图 12-21 绘制护栏

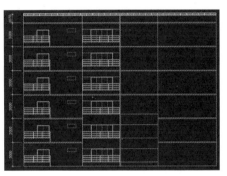

图 12-22 创建楼顶护栏

步骤 11 执行【镜像】命令 MI，将绘制好的护栏以中间墙线为镜像线进行镜像复制，如图 12-23 所示。

步骤 12 选择【尺寸标注】图层，设置标注样式；执行【线性标注】命令 DLI 和【连续标注】命令 DCO，在图形右侧进行标注，如图 12-24 所示。

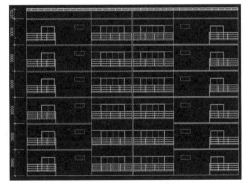

图 12-23 镜像复制

图 12-24 标注图形

12.3 园林景观设计：创建小区景观设计图

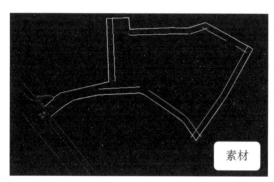
素材

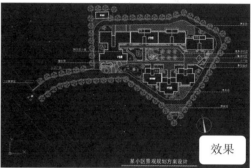
效果

思路分析

景观规划设计涵盖的内容十分广泛，主要涉及房屋的位置和朝向、周围的道路交通、园林绿化及地貌等内容。

本例首先规划设计小区的道路交通；然后绘制小区的设施，封闭要填充的区域，填充图案，完成地面硬质铺装图；再绘制行道树，根据需要搭配植物群落，最后标注景观说明，得到最终效果。

制作步骤

步骤 01 打开"素材文件\第12章\小区规划图.dwg"，执行【图层特性】命令LA，打开【图层特性管理器】面板，新建图层并设置图层颜色，如图 12-25 所示。

步骤 02 设置【道路】为当前图层，执行【直线】命令L，沿建筑红线捕捉勾画一圈，然后执行【偏移】命令O，将绘制的直线向内偏移4500，如图 12-26 所示。

图 12-25 新建图层并设置图层颜色

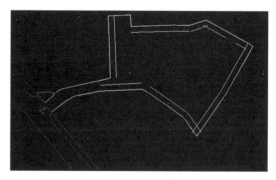
图 12-26 偏移直线

步骤 03 执行【圆角】命令 F，设置圆角半径为 7000，然后依次创建圆角，并调整图形，如图 12-27 所示。

步骤 04 执行【偏移】命令 O，将绘制的车行道线向外偏移 4000，如图 12-28 所示。

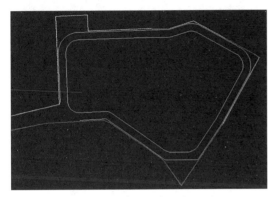

图 12-27 创建圆角

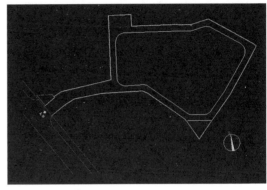

图 12-28 偏移车行道线

步骤 05 执行【插入块】命令 I，打开【插入】对话框，插入"素材文件 \ 第 12 章 \ 住宅楼 .dwg"图块，如图 12-29 所示。

步骤 06 将图块拖曳到绘图区域中并调整位置，将住宅楼图块转换至"建筑"图层，效果如图 12-30 所示。

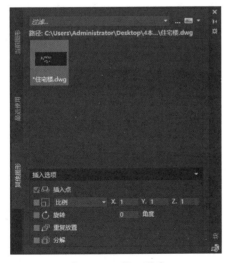

图 12-29 插入图块

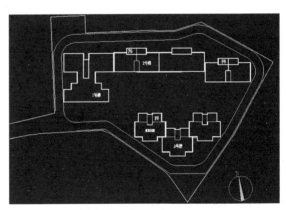

图 12-30 调整图块

步骤 07 执行【直线】命令 L，根据住宅楼的入口绘制辅助线，如图 12-31 所示。

步骤 08 执行【直线】命令 L，根据住宅楼的轮廓绘制辅助线，然后进行偏移，如图 12-32 所示。

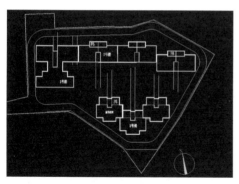

图 12-31　绘制辅助线

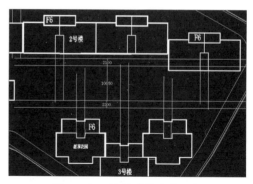

图 12-32　绘制并偏移辅助线

步骤 09 结合【修剪】【延伸】【直线】【删除】命令调整图形，如图 12-33 所示。

步骤 10 执行【样条曲线】命令 SPL，绘制入口道路，使用控制点调整曲线，如图 12-34 所示。

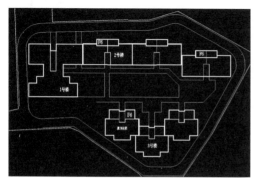

图 12-33　调整图形

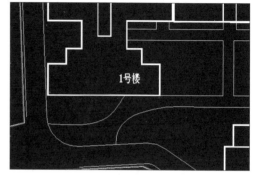

图 12-34　调整曲线

步骤 11 按空格键重复样条曲线命令，绘制 1 号楼的小道，并调整曲线，如图 12-35 所示。

步骤 12 执行【矩形】命令 REC，绘制长为 600，宽为 300 的矩形梯步，执行【旋转】命令 RO，将矩形旋转至合适角度，执行【复制】命令 CO 复制矩形，如图 12-36 所示。

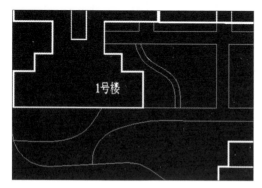

图 12-35　绘制小道

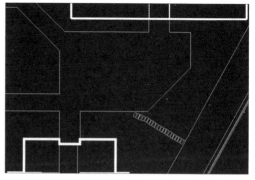

图 12-36　绘制梯步

步骤 13 执行【圆角】命令 F，设置圆角半径为 600，依次对道路交接处进行圆角处理，如图 12-37 所示。

步骤 14　新建【坡度】图层，设置【颜色】为绿色，执行【样条曲线】命令 SPL，绘制闭合曲线，通过控制点调整曲线的弧度，如图 12-38 所示。

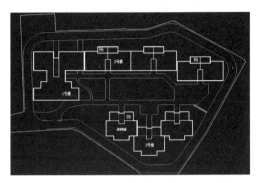

图 12-37　圆角道路交接处

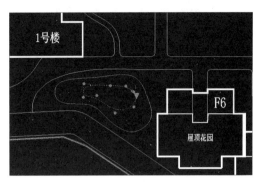

图 12-38　调整曲线弧度

步骤 15　使用【样条曲线】命令绘制其他地形，调整曲线弧度，如图 12-39 所示。

步骤 16　执行【偏移】命令 O，设置偏移距离为 100，偏移挡土线，如图 12-40 所示。

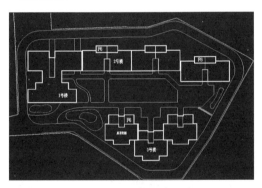

图 12-39　调整曲线弧度

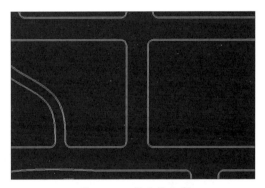

图 12-40　偏移挡土线

步骤 17　执行【样条曲线】命令 SPL，绘制儿童游乐区域，通过控制点调整曲线的弧度，如图 12-41 所示。

步骤 18　执行【直线】命令 L，绘制地面分界线，如图 12-42 所示。

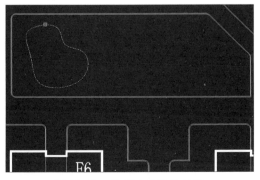

图 12-41　绘制儿童游乐区域

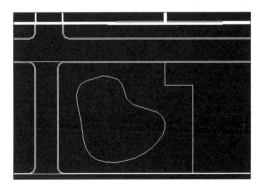

图 12-42　绘制地面分界线

步骤 19 执行【矩形】命令 REC，绘制 1200×1200 的正方形，并向内偏移 250；执行【阵列】命令 AR，设置矩形阵列的列数为 3，介于为 5000，行数为 2，介于为 -5000；执行【矩形】命令 REC，绘制 4000×4000 的正方形，并向内偏移 50；执行【直线】命令 L，绘制对角线，如图 12-43 所示。

步骤 20 执行【旋转】命令 RO，将绘制了对角线的正方形旋转至合适角度，如图 12-44 所示。

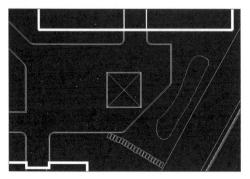 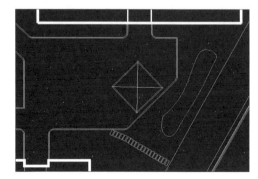

图 12-43　绘制图形　　　　　　　　　　图 12-44　旋转正方形

步骤 21 执行【图层特性】命令 LA，新建【铺装】图层；执行【圆】命令 C，绘制圆；执行【修剪】命令 TR，修剪图形，如图 12-45 所示。

步骤 22 执行【偏移】命令 O，将小道曲线偏移 150；执行【直线】命令 L，将路口或其他未闭合的区域封闭起来，便于后面填充图案，如图 12-46 所示。

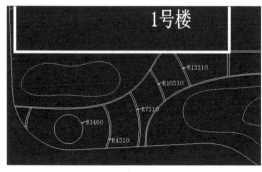 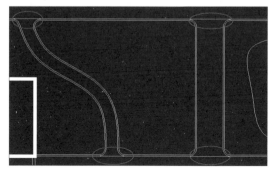

图 12-45　绘制并修剪图形　　　　　　　图 12-46　绘制辅助封闭线

步骤 23 执行【填充】命令 H，选择图案【AR-B88】，设置【颜色】为 8，【比例】为 1，填充 1 号楼下的入口广场，如图 12-47 所示。

步骤 24 执行【填充】命令 H，选择图案【AR-HBONE】，设置【颜色】为 107，【比例】为 5，填充 1、2、3 号楼附近的路面，如图 12-48 所示。

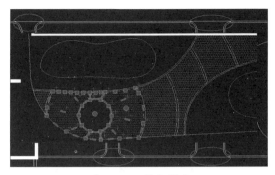

图 12-47　填充图案

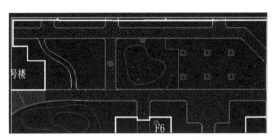

图 12-48　填充图案

步骤 25　执行【填充】命令 H，选择图案【NET】，设置【颜色】为 8，【比例】为 300，填充小广场，如图 12-49 所示。

步骤 26　执行【多段线】命令 PL，绘制停车场区域；执行【填充】命令 H，选择图案【TRIANG】，设置【颜色】为 63，【比例】为 100，填充停车场，如图 12-50 所示。

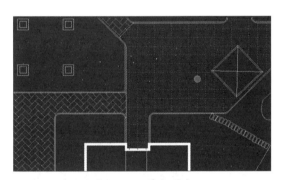

图 12-49　填充图案

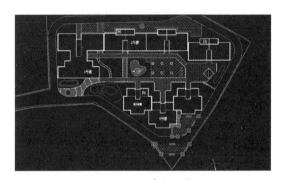

图 12-50　填充图案

步骤 27　执行【填充】命令 H，选择图案【DASH】，设置【颜色】为 8，【比例】为 300，填充车行道，如图 12-51 所示。

步骤 28　根据设计构思完成地面铺装，使用【多段线】绘制小区规划轮廓，打开"素材文件\第 12 章\植物平面图 .dwg"，将行道树图形复制并粘贴至本例文件中，执行【缩放】命令 SC，将图形调整为合适的大小，移动至车行道旁适当位置，如图 12-52 所示。

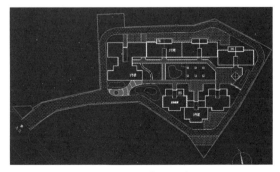

图 12-51　填充图案

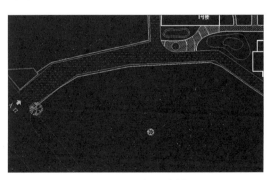

图 12-52　复制素材

步骤 29　使用【路径阵列】命令阵列行道树，选择多段线为【阵列路径】，激活【阵列创建】选项卡，设置【介于】参数为6000，如图12-53所示。

步骤 30　将素材文件中的植物平面、指北针、滑梯等图例复制并粘贴至本例文件中，并调整大小和位置，如图12-54所示。

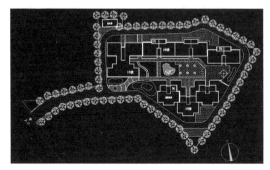
图 12-53　阵列行道树

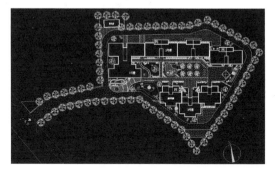
图 12-54　复制图例并调整位置

步骤 31　执行【直线】命令L，在需要标注说明的位置绘制引线，执行【单行文字】命令DT，设置比例为1500，标注景观的说明，并调整至合适的位置，如图12-55所示。

步骤 32　执行【多段线】命令PL，设置比例宽度为150，绘制一条多段线；执行【直线】命令L，在多段线下方绘制一条等长的直线；执行【多行文字】命令T，设置文字高度为3000，字体为黑体，输入文字内容并调整位置，如图12-56所示。

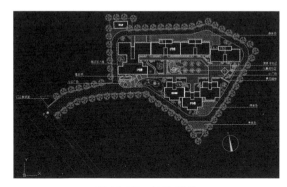
图 12-55　标注说明

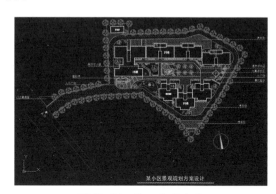
图 12-56　输入文字内容

12.4 机械设计案例：制作机械电主轴套模型

效果展示

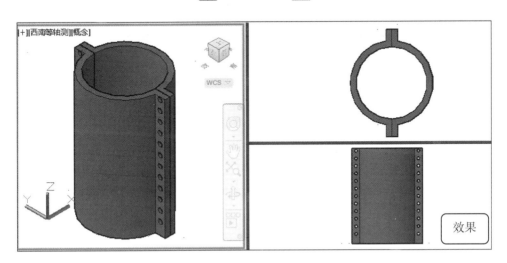

思路分析

本例首先创建图层，然后在相应图层创建电主轴套平面图，接着根据相应尺寸数据绘制电主轴套的剖面图，再对图形进行尺寸标注，最后根据平面图创建套筒，得到最终效果。

制作步骤

步骤 01 新建【标注线】【辅助线】【轮廓线】图层，设置【辅助线】颜色为红色，线型为【ACAD-ISO08W100】，如图 12-57 所示。

步骤 02 设置【辅助线】图层为当前图层，按【F8】键打开正交模式，执行【构造线】命令 XL，绘制两条相交直线，如图 12-58 所示。

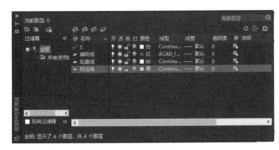

图 12-57 新建图层

图 12-58 绘制辅助线

步骤 03 设置【轮廓线】图层为当前图层；执行【圆】命令 C，以相同圆心绘制一个半径为 75 的圆和一个半径为 65 的圆，如图 12-59 所示。

步骤 04 执行【矩形】命令 REC，绘制长为 20，宽为 30 的矩形；执行【移动】命令 M，将矩形移至与内圆相切的位置，如图 12-60 所示。

步骤 05 执行【修剪】命令 TR，按空格键两次；在需要修剪的矩形边上单击，如图 12-61 所示。

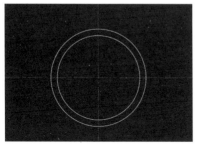

图 12-59 绘制轮廓线

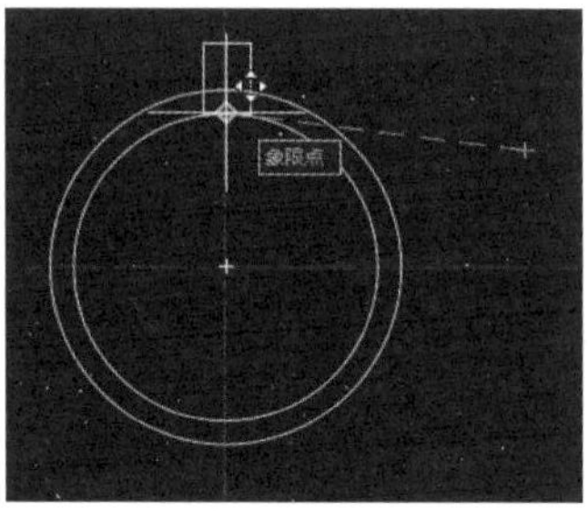

图 12-60 绘制并移动矩形

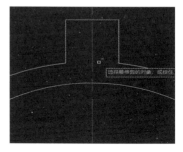

图 12-61 修剪矩形

步骤 06 执行【直线】命令 L，绘制矩形的中线，如图 12-62 所示。

步骤 07 选择绘制的矩形及中线，执行【镜像】命令 MI，在圆心指定镜像线的第一点，在圆的右象限点指定镜像线的第二点，如图 12-63 所示。执行【修剪】命令 TR，修剪多余的线段。

步骤 08 设置【辅助线】图层为当前图层；执行【复制】命令 CO，按照平面图复制辅助线，如图 12-64 所示。

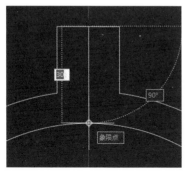

图 12-62 绘制中线

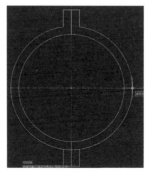

图 12-63 指定镜像线

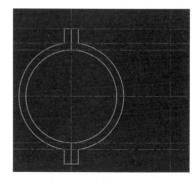

图 12-64 复制辅助线

步骤 09 设置【轮廓线】图层为当前图层；执行【直线】命令 L，绘制宽度为 270 的剖面轮廓图，执行【圆】命令 C，绘制直径为 9 的圆；执行【移动】命令 M，将圆向右移 25，如图 12-65 所示。

步骤 10 执行【矩形阵列】命令 AR，指定行数为 1，列数为 12，间距为 20，取消【关联】状态，执行【填充】命令 H，输入子命令 T，选择图案【ANSI31】，其他设置保持默认；单击拾取内部点，填充套筒和螺座，如图 12-66 所示，然后将其向下镜像复制。

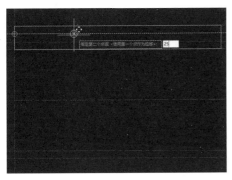

图 12-65　移动圆

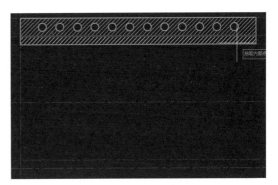

图 12-66　阵列对象并填充图案

步骤 11　输入并执行命令【D】，打开【标注样式管理器】对话框，单击【新建】按钮；输入新样式名【机械标注】；单击【继续】按钮，设置【超出尺寸线】和【起点偏移量】为 3，如图 12-67 所示。单击【符号和箭头】选项卡，设置箭头样式及大小，如图 12-68 所示。

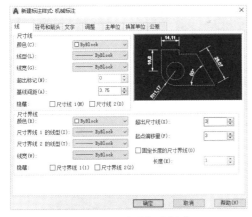

图 12-67　设置标注样式

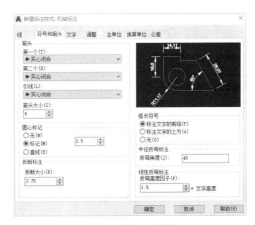

图 12-68　设置箭头样式及大小

步骤 12　单击【文字】选项卡，设置【文字高度】为 10，【从尺寸线偏移】为 6；单击【主单位】选项卡，设置【精度】为 0，单击【确定】按钮。在【标注样式管理器】对话框中将新建的标注样式置为当前，关闭该对话框，对图形进行标注，如图 12-69 所示。

步骤 13　将【轮廓线】图层设置为当前图层；关闭【辅助线】和【标注线】图层，在【三维建模】工作空间设置四个视口，并设置相应视图，如图 12-70 所示。

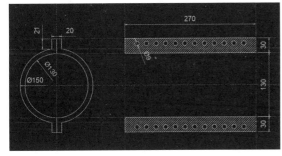

图 12-69　标注图形

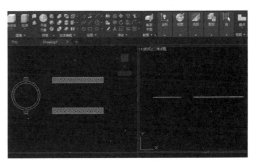

图 12-70　设置视口及视图

步骤 14 修剪出一个封闭图形，执行命令【PE】，选择子命令【合并】J 将图形转换为多段线，如图 12-71 所示，然后镜像复制另一半。

步骤 15 执行【拉伸】命令 EXT，输入高度为 250，按空格键确认，如图 12-72 所示。

步骤 16 用同样的方法绘制左侧的套筒，设置视口为【三个：左】，执行【圆柱体】命令 CYL ；在左视图绘制底面半径为 4.5，高度为 40 的圆柱体，如图 12-73 所示。

图 12-71 【合并】子命令

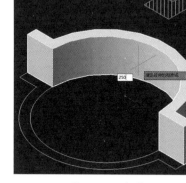

图 12-72 拉伸

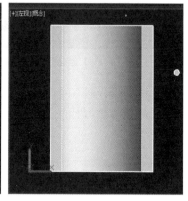

图 12-73 绘制圆柱体

步骤 17 切换视图，执行【移动】命令 M，移动圆柱体至合适位置，如图 12-74 所示。

步骤 18 切换到【左视】视图；执行【矩形阵列】命令 AR，指定阵列的行数为 12，列数为 1，间距为 -20，并取消关联，如图 12-75 所示。然后执行【镜像】命令 MI，以圆的中线为镜像轴，将阵列的圆柱体镜像复制。

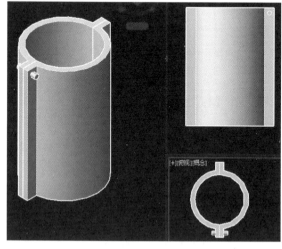

图 12-74 移动圆柱体

图 12-75 阵列对象

步骤 19 切换到【西南等轴测】视图，输入【差集】命令 SU ；选择两个半圆筒为要保留的对象，按空格键确认，如图 12-76 所示。

步骤 20 选择要减去的对象，如图 12-77 所示。按空格键确认，布尔运算效果如图12-78所示。

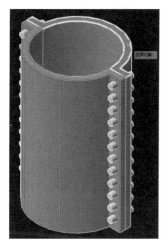

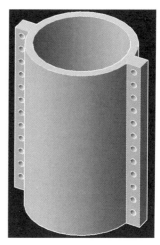

图 12-76 选择要保留的对象　　　图 12-77 选择要减去对象　　　图 12-78 布尔运算效果

步骤 21　输入【剖切】命令 SL，选择剖切对象套筒后，按空格键确认；选择套筒的中点为切点的起点、第二个点、第三个点，如图 12-79 所示。

步骤 22　在图形的左侧单击，即可切除一侧实体模型，如图 12-80 所示。

步骤 23　剖切完成后，在俯视图执行【镜像】命令 MI，将套筒对象镜像复制，如图 12-81 所示。

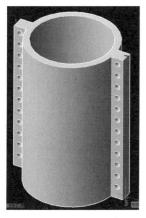

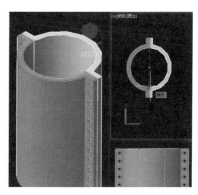

图 12-79 剖切对象　　　　　图 12-80 剖切效果　　　　　图 12-81 镜像复制套筒

AutoCAD
2020

1. 绘图及修改快捷命令

命令名称	快捷命令	执行命令
直线	L	LINE
构造线	XL	XLINE
多线	ML	MLINE
多段线	PL	PLINE
正多边形	POL	POLYGON
矩形	REC	RECTANG
圆弧	A	ARC
圆	C	CIRCLE
二维圆环	DO	DONUT
样条曲线	SPL	SPLINE
椭圆	EL	ELLIPSE
插入块	I	INSERT
创建块	B	BLOCK
写块	W	WBLOCK
图案填充	H	BHATCH
多行文字	MT（T）	MTEXT
单行文字	DT	TEXT
删除	E	ERASE
复制	CO	COPY
镜像	MI	MIRROR
偏移	O	OFFSET
阵列	AR	ARRAY
移动	M	MOVE
旋转	RO	ROTATE
缩放	SC	SCALE
拉伸	S	STRETCH
修剪	TR	TRIM
延伸	EX	EXTEND

续表

命令名称	快捷命令	执行命令
打断于点	BR	BREAK
倒角	CHA	CHAMFER
圆角	F	FILLET
分解	X	EXPLODE
单点	PO	POINT
定距等分	ME	MEASURE
定数等分	DIV	DIVIDE
对齐	AL	ALIGN
多段线编辑	PE	PEDIT
差集	SU	SUBTRACT
并集	UNI	UNION
交集	IN	INTERSECT
属性定义	ATT	ATTDEF
块属性	ATE	ATTEDIT
面域	REG	REGION
创建边界	BO	BOUNDARY

2. 标注快捷命令

命令名称	快捷命令	执行命令
形位公差标注	TOL	TOLERANCE
角度标注	DAN	DIMANGULAR
圆和圆弧的半径标注	DRA	DIMRADIUS
圆和圆弧的直径标注	DDI	DIMDIAMETER
对齐线性标注	DAL	DIMALIGNED
圆心标注	DCE	DIMCENTER
线性尺寸标注	DLI	DIMLINEAR
坐标点标注	DOR	DIMORDINATE
快速引出标注	LE	QLEADER

续表

命令名称	快捷命令	执行命令
基线标注	DBA	DIMBASELINE
连续标注	DCO	DIMCONTINUE
标注样式	D	DIMSTYLE
编辑标注	DED	DIMEDIT
标注样式管理器	DST	DIMSTYLED
替换标注系统变量	DOV	DIMOVERRIDE

3. 对象特性及其他快捷命令

命令名称	快捷命令	执行命令
文字样式	ST	STYLE
表格样式	TS	TABLESTYLE
设置颜色	COL	COLOR
图层管理	LA	LAYER
线型管理	LT	LINETYPE
线型比例	LTS	LTSCALE
线宽设置	LW	LWEIGHT
图形单位	UN	UNITS
实时缩放	Z	ZOOM
实时平移	P	PAN
视口	Vpo	Vports
三维动态观察	3DO	3DORBIT
特性匹配	MA	MATCHPROP
测量	DI	DIST
数据信息	LI	LIST
捕捉设置	OS(DS)	OSNAP
查询面积与周长	REA (AA)	AREA
特性	CH(MO/PR/【Ctrl+1】)	PROPERTIES
选项	OP	OPTIONS

续表

命令名称	快捷命令	执行命令
视图管理	V	VIEW
自定义用户界面	TO	TOOLBAR

4. 键盘功能快捷键

命令名称	快捷键	命令名称	快捷键
全屏显示	【Ctrl+0】	带基点复制	【Ctrl+Shift+C】
修改特性	【Ctrl+1】	另存为	【Ctrl+Shift+S】
设计中心	【Ctrl+2】	粘贴块	【Ctrl+Shift+V】
工具选项板	【Ctrl+3】	VBA 宏管理器	【Alt+F8】
图纸集管理器	【Ctrl+4】	AutoCAD 和 VBA 编辑器切换	【Alt+F11】
数据库链接	【Ctrl+6】	【文件】下拉菜单	【Alt+F】
标记集管理器	【Ctrl+7】	【编辑】下拉菜单	【Alt+E】
快速计算器	【Ctrl+8】	【视图】下拉菜单	【Alt+V】
命令行	【Ctrl+9】	【插入】下拉菜单	【Alt+I】
选择全部对象	【Ctrl+A】	【格式】下拉菜单	【Alt+O】
捕捉模式，同【F9】	【Ctrl+B】	【工具】下拉菜单	【Alt+T】
复制内容	【Ctrl+C】	【绘图】下拉菜单	【Alt+D】
动态 UCS，同【F6】	【Ctrl+D】	【标注】下拉菜单	【Alt+N】
等轴测平面切换，同【F5】	【Ctrl+E】	【修改】下拉菜单	【Alt+M】
对象捕捉，同【F3】	【Ctrl+F】	【参数】下拉菜单	【Alt+P】
栅格显示，同【F7】	【Ctrl+G】	【窗口】下拉菜单	【Alt+W】
Pickstyle 变量	【Ctrl+H】	【帮助】下拉菜单	【Alt+H】
超链接	【Ctrl+K/M】	帮助	【F1】
正交模式，同【F8】	【Ctrl+L】	文本窗口	【F2】
新建文件	【Ctrl+N】	对象捕捉	【F3】
打开文件	【Ctrl+O】	三维对象捕捉	【F4】
打印输出	【Ctrl+P】	等轴测平面切换	【F5】
退出 AutoCAD	【Ctrl+Q】	允许／禁止动态 UCS	【F6】

续表

命令名称	快捷键	命令名称	快捷键
保存文件	【Ctrl+S】	放弃	【Ctrl+Z】
数字化仪模式	【Ctrl+T】	显示栅格	【F7】
极轴追踪，同【F10】	【Ctrl+U】	正交模式	【F8】
粘贴	【Ctrl+V】	捕捉模式	【F9】
选择循环	【Ctrl+W】	极轴追踪	【F10】
剪切文件	【Ctrl+X】	对象捕捉追踪	【F11】
重复上一次操作	【Ctrl+Y】	动态输入	【F12】

AutoCAD
2020

为了强化学生的上机操作能力，本书专门安排了以下上机实训项目，老师可以根据教学进度与教学内容，合理安排学生上机训练操作的内容。

实训一：机械座体尺寸标注

在 AutoCAD 2020 中，添加如图 B-1 所示的机械座体尺寸标注。

素材文件	上机实训 \ 素材文件 \ 实训一 .dwg
结果文件	上机实训 \ 结果文件 \ 实训一 .dwg

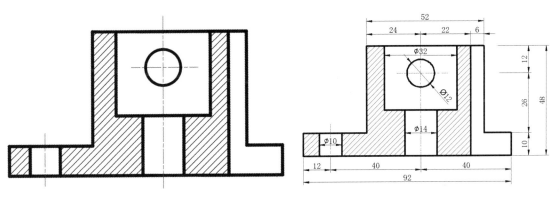

图 B-1　效果对比

操作提示

在标注机械座体尺寸的实例中，主要用到线性标注、连续标注、直径标注及编辑标注等知识，主要操作步骤如下。

（1）打开"素材文件 \ 实训一 .dwg"。

（2）输入快捷命令【DDI】，标注图形中的直径。

（3）输入快捷命令【DLI】，标注图形各部件及整体的宽度与高度。

（4）双击标注文字，进入编辑状态；在数字前输入"%%C"直径符号代码；在空白处单击确认。

（5）使用同样的方法，添加其他直径符号，完成尺寸标注。

实训二：创建吊顶布置图

在 AutoCAD 2020 中，绘制如图 B-2 所示的吊顶布置图。

素材文件	上机实训 \ 素材文件 \ 实训二 .dwg
结果文件	上机实训 \ 结果文件 \ 实训二 .dwg

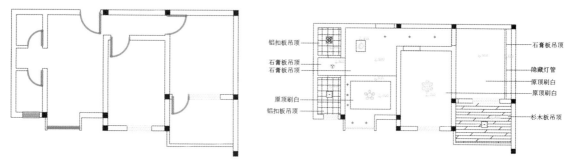

图 B-2　效果对比

操作提示

绘制吊顶布置图首先应绘制吊顶的造型，然后创建灯具、填充材质并标注装饰材料和标高，主要操作步骤如下。

（1）打开"素材文件\实训二.dwg"，将灯具复制粘贴至户型图中合适的位置。

（2）设置"D-材质"图层为当前图层。执行【图案填充】命令 H，激活【图案填充编辑器】，设置图案样式为"NET"；设置图案比例，如"95"，填充厨房和卫生间吊顶图案。

（3）重复执行【图案填充】命令 H，设置图案样式为"DOLMIT"；设置图案比例，如"25"，填充阳台吊顶图案。

（4）执行【直线】命令 L，绘制引线；执行【单行文字】命令 DT，指定文字高度为 200，输入文字内容。

（5）使用【直线】命令 L 和【单行文字】命令 DT 创建标高符号。

实训三：标注手柄图形

在 AutoCAD 2020 中，制作如图 B-3 所示的手柄图形标注。

素材文件	上机实训\素材文件\实训三.dwg
结果文件	上机实训\结果文件\实训三.dwg

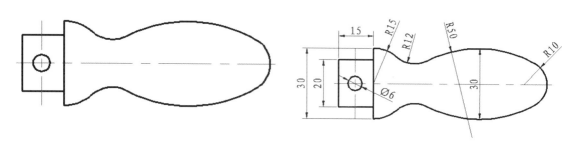

图 B-3　效果对比

操作提示

本例主要操作步骤如下。

（1）打开"素材文件 \ 实训三 .dwg"。

（2）设置"尺寸标注"图层为当前图层，执行【线性标注】命令 DLI，标注图形的线性尺寸。

（3）执行【半径标注】命令 DRA，标注图形中所有圆弧的半径。

（4）执行【直径标注】命令 DDI，标注图形中圆的直径，完成手柄图形的标注。

实训四：绘制塔斯干柱

在 AutoCAD 2020 中，绘制如图 B-4 所示的塔斯干柱。

素材文件	无
结果文件	上机实训 \ 结果文件 \ 实训四 .dwg 上机实训 \ 结果文件 \ 实训四 –Model.dwg

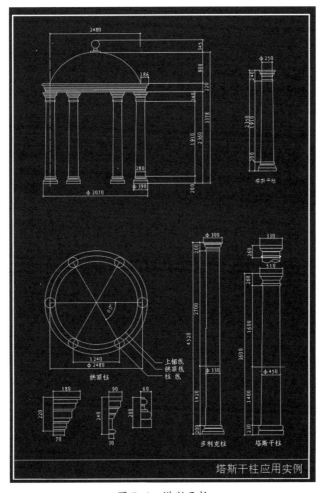

图 B-4　塔斯干柱

操作提示

塔斯干柱是罗马柱样式之一，绘制塔斯干柱的主要操作步骤如下。

（1）按照样图绘制一根柱子的立面图并标注尺寸。

（2）绘制穹顶平面图并标注尺寸。

（3）用投影画法将柱子立面图复制到穹顶立面图。

实训五：绘制单人床

在 AutoCAD 2020 中，绘制如图 B-5 所示的单人床。

素材文件	无
结果文件	上机实训 \ 结果文件 \ 实训五 .dwg

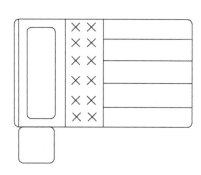

图 B-5　效果

操作提示

在绘制单人床的实例操作中，主要使用矩形和点命令等知识，主要操作步骤如下。

（1）输入【矩形】命令 REC，按空格键；输入【圆角】子命令 F，按空格键；输入圆角半径为 "50"。

（2）按空格键确认，单击指定起点，输入另一角点 "2000,1200"，按空格键。

（3）输入【直线】命令 L，按空格键；单击指定起点，移动十字光标指定下一点。

（4）输入【矩形】命令 REC，按空格键；单击指定起点，输入对角点 "400,-400"。

（5）按空格键确认；按空格键激活矩形命令，在床头位置单击指定起点。

（6）移动十字光标指定下一点，完成枕头的绘制。

（7）使用直线命令绘制直线，按空格键激活直线命令，绘制另一条直线。

（8）输入并执行【点样式】命令 PT，单击选择点样式，单击【确定】按钮。

（9）输入【点】命令 PO，按空格键确认；单击指定点。

（10）单击【绘图】下拉按钮，单击【多点】按钮▓，依次绘制点。

（11）使用直线命令完成床单的绘制。

实训六：绘制螺钉图形

在 AutoCAD 2020 中，绘制如图 B-6 所示的螺钉图形。

素材文件	无
结果文件	上机实训 \ 结果文件 \ 实训六 .dwg

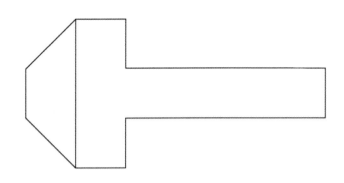

图 B-6　螺钉图形

操作提示

在绘制螺钉图形的实例操作中，主要使用直线、极轴追踪等知识，主要操作步骤如下。

（1）输入直线命令，单击指定起点，按【F8】键打开正交模式，向右移动十字光标输入至下一点的距离"5"，按空格键确认，向上移动十字光标输入至下一点的距离"5"，按空格键确认。

（2）向右移动十字光标输入至下一点的距离"20"，按空格键确认，向上移动十字光标输入至下一点的距离"5"，按空格键确认，向左移动十字光标输入至下一点的距离"20"，按空格键确认。

（3）向上移动十字光标输入至下一点的距离"5"，按空格键确认，向左移动十字光标输入至下一点的距离"5"，按空格键确认，输入闭合命令 C，按空格键确认。

（4）按【F10】键打开极轴，输入直线命令，单击闭合点指定为直线起点，向左移动十字光标至大约 135° 的位置，输入直线长度"7.07"，按空格键确认。

（5）向上移动十字光标输入至下一点的距离"5"，按空格键确认。

（6）向右移动十字光标至右侧图形左上角，单击指定下一点，按空格键结束直线命令。

实训七：绘制机件主视图

在 AutoCAD 2020 中，绘制如图 B-7 所示的机件主视图。

素材文件	无
结果文件	上机实训 \ 结果文件 \ 实训七 .dwg

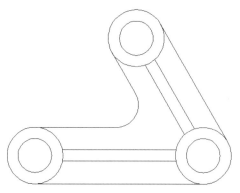

图 B-7 机件主视图

操作提示

在绘制机件主视图的实例中，主要使用直线、圆、偏移、修剪等知识，主要操作步骤如下。

（1）新建文件，在"视图控件"按钮上单击，在下拉菜单中选择【前视】。

（2）输入【圆】命令 C，按空格键；单击指定圆心，输入半径"30"，按空格键确认；按空格键激活圆命令，单击已绘制圆的圆心，输入半径"50"，按空格键确认。

（3）输入【直线】命令 L，按空格键确认；单击外圆的下方象限点。

（4）向右移动十字光标，按【F8】键打开正交模式，输入直线长度"300"，按空格键两次结束直线命令。

（5）选择绘制的圆，输入【镜像】命令 MI，按空格键确认；单击直线的中点作为镜像线的第一点，向下移动十字光标，在空白处单击，按空格键确认镜像。

（6）输入【圆】命令 C，按空格键确认；输入命令【FROM】，按空格键确认，捕捉右侧圆的圆心为基点，输入偏移位置的相对坐标值"-120,207"，按空格键确认。

（7）输入外圆半径"50"，按空格键确认。

（8）按空格键激活圆命令，单击外圆圆心，输入内圆半径"30"，按空格键确认。

（9）输入【直线】命令 L，按空格键确认；单击第三组圆心作为直线第一点，单击第二组圆心作为直线端点，按空格键结束直线命令。

（10）输入【偏移】命令 O，按空格键确认；输入偏移距离"50"，按空格键确认；单击直线，向圆外侧移动十字光标并单击。

（11）单击以圆心为基点绘制的直线，向圆内侧移动十字光标并单击。按空格键结束偏移命令。

（12）输入【直线】命令 L，捕捉下面两圆的圆心绘制一条直线，再捕捉下面两圆上方象限点绘制一条直线。

（13）执行【偏移】命令 O，将连接圆心的两条直线分别向上下各偏移 10。

（14）执行【删除】命令 E，将连接圆心的两条直线删除。

（15）执行【圆角】命令 F，输入子命令 R，设置圆角半径为 40，选择左上的两条直线进行圆角。

（16）执行【修剪】命令 TR，选择三个大圆和四条和六个圆都相交的直线，按空格键确认，选择需要修剪的部分，完成此图的绘制。

实训八：绘制房屋平面图

在 AutoCAD 2020 中，绘制如图 B-8 所示的房屋平面图。

素材文件	无
结果文件	上机实训 \ 结果文件 \ 实训八 . dwg
结果文件	上机实训 \ 结果文件 \ 实训八 –Model. dwf

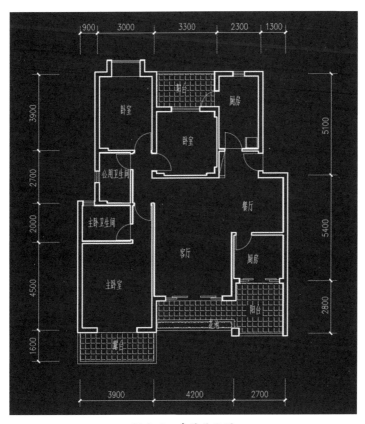

图 B-8　房屋平面图

操作提示

在绘制房屋平面图的过程中，主要使用绘制辅助线、绘制墙线、绘制门窗、标注尺寸、填充等知识，主要操作步骤如下。

（1）新建文件，设置单位、图层、文字样式、标注样式。

（2）绘制辅助线，根据墙心线尺寸偏移，快速标注墙心线尺寸。

（3）使用【ML】命令绘制墙线，分解后修剪。

（4）偏移墙线，修剪门窗洞，再按快捷键【Ctrl+3】在【工具选项板】中拖入门并调整，新建多线样式，添加两个图元，偏移距离为 ±0.167，然后置为当前绘制窗户。

（5）创建文字，给每个房间标注名称。

（6）填充阳台。

实训九：绘制台灯

在 AutoCAD 2020 中，绘制如图 B-9 所示的台灯。

素材文件	无
结果文件	上机实训 \ 结果文件 \ 实训九 .dwg

图 B-9　台灯

操作提示

在绘制台灯的实例操作中，主要使用矩形、直线、样条曲线等知识，主要操作步骤如下。

（1）执行【矩形】命令 REC，在绘图区域空白处单击，指定起点。

（2）执行扩展命令 D（尺寸），指定矩形的长度为 175，宽度为 8。

（3）执行【直线】命令 L，捕捉矩形中点，向上竖直移动十字光标，输入距离"500"，按空格键确认。

（4）执行【直线】命令 L，在图形旁的空白处指定起点，向右移动十字光标绘制水平直线，长度为 165。

（5）输入"250<-60"，按空格键确认。

（6）向左移动十字光标，输入距离"418"。

（7）确定捕捉的起点，完成灯罩的绘制。

（8）选择灯罩图形，执行【移动】命令 M。

（9）选择灯罩上端的中点为基点，然后捕捉一旁的竖直中线端点，并确定移动的位置。

（10）执行【样条曲线】命令 SPL，在灯罩下端靠中点的位置指定样条曲线的起点。

（11）绘制样条曲线，按空格键结束该命令。

（12）执行【直线】命令 L，捕捉样条曲线的下端点作为起点，向左下方绘制一条斜线。

（13）继续向中线附近的合适位置移动十字光标绘制一条斜线。

（14）选择样条曲线和直线，结合绘制的灯柱图形，执行【镜像】命令 MI（使灯柱对称）。

（15）选择台灯对称轴上的任意两点（如底座矩形的上下两边中点），按空格键确认，完成灯柱的绘制。

（16）执行【直线】命令 L，在灯罩上绘制两条对称斜线。

实训十：绘制建筑构件剖面图

在 AutoCAD 2020 中，绘制如图 B-10 所示的户型图。

素材文件	无
结果文件	上机实训\结果文件\实训十.dwg

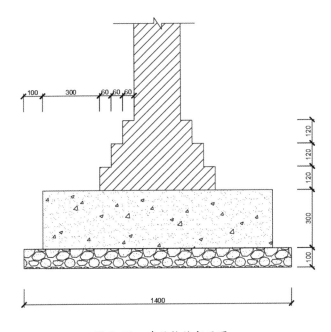

图 B-10　建筑构件部面图

操作提示

在绘制建筑构件部面图的实例操作中，主要使用直线、多线、偏移、修剪、延伸等知识，主要操作步骤如下。

（1）新建一个文件，输入【矩形】命令 REC，分别绘制 1400×100 和 1200×300 的矩形，然后捕捉中点并移动对齐。

（2）输入【多段线】命令 PL，捕捉矩形左上顶点，按【F8】键打开正交模式，绘制 3 次高为 120，宽为 60 的阶梯，再向上绘制长度为 500 的直线。

（3）输入【移动】命令 M，选择多段线，指定基点，向右移动十字光标，输入 300。

（4）输入【镜像】命令 MI，选择多段线，捕捉矩形的中点，镜像复制多段线。

（5）通过连接端点画线、拉伸夹点、修剪等方法绘制连接符。

（6）输入【填充】命令 H，单击上部孤岛，选择【ANSI31】图案，将比例设为 10。

（7）继续填充，分别单击两个矩形孤岛，选择【AR--SAND】图案，将比例设为 1。

（8）继续填充，输入选择对象子命令【S】，然后选择上方的矩形，选择【AR--CONC】图案。

（9）用同样的方法选择下方的矩形，填充【GRAVEL】图案。剖面图绘制完毕。

AutoCAD
2020

（全卷：100分　答题时间：120分钟）

得分	评卷人

一、选择题（每题1分，共35小题，共计35分）

1. 如果要启动 AutoCAD 2020，可以通过桌面上的快捷图标启动，也可以通过（　　）找到相应的启动项来启动软件。

A. 快捷键　　　　B.【开始】菜单　　　　C. 命令　　　　D. 表格

2. 在 AutoCAD 2020 中，标题栏主要由快速访问工具栏、（　　）、软件及标题名称和控制按钮组四个部分组成。

A. 工作空间　　　B. 标题名称　　　　C. 控制按钮　　　D. 应用程序

3. 按（　　）快捷键，可以在 AutoCAD 2020 中打开【打开】对话框进行操作。

A. Ctrl+T　　　　B. Ctrl+O　　　　C. Ctrl+Alt　　　D. Ctrl+V

4. 在创建三维图形时，创建多个（　　），可以从不同的角度观察对象，使图形调整操作更加准确。

A. 窗口　　　　　B. 界面　　　　　C. 视口　　　　D. 视觉样式

5.【图案填充】的类型包括图案填充和（　　）两种。

A. 渐变色填充　　B. 拾取点填充　　C. 选择对象填充　D. 无边界填充

6. 对象特性主要指图形对象的（　　）、线型、线宽等内容，可以根据需要进行调整。

A. 属性　　　　　B. 尺寸　　　　　C. 特性　　　　D. 颜色

7.（　　）和连续标注非常相似，都必须在已有标注的基础上才能开始创建。

A. 尺寸标注　　　B. 线性标注　　　C. 基线标注　　　D. 快速标注

8.【镜像】可以沿指定轴翻转对象创建对称的镜像图形，也是一种特殊的（　　）方法。

A. 对称镜像　　　B. 对称对象　　　C. 镜像对象　　　D. 复制对象

9. 阵列对象包括矩形阵列、极轴阵列和（　　）三种阵列方式。

A. 环形阵列　　　B. 路径阵列　　　C. 多重阵列　　　D. 阵列对象

10. 执行【倒角】命令时，需要进行倒角的两个图形对象（　　）。

A. 可以相交　　　B. 可以不相交　　C. 可以平行　　　D. 不能平行

11.【缩放】命令是将选定的图形在（　　）轴方向上按相同的比例系数放大或缩小，比例系数不能取负值。

A. X 和 Y　　　B. X 和 Z　　　C. Y 和 Z　　　D. X、Y 和 Z

12. 默认情况下，所有的图层都处于（　　），按钮显示为 ☼。

A. 冻结状态　　　B. 解锁状态　　　C. 锁定状态　　　D. 解冻状态

13.（　　）命令用于将当前图形的零件保存到不同的图形文件，或将指定的块另存为一个单独的图形文件。

A.【写块】　　　B.【创建块】　　　C.【插入块】　　　D.【属性块】

14. 在绘图时遇到线型没有按要求显示的情况，可以通过设置（ ）进行修复。

A. 线型比例　　　　　B. 图形颜色　　　　　C. 图形线宽　　　　　D. 图形线条

15. 在给图层命名的过程中，图层名称最少为一个字符，最多可达（ ）个字符，可以是数字、字母或其他字符。

A. 10　　　　　　　　B. 99　　　　　　　　C. 199　　　　　　　　D. 255

16. 绘制图形是在当前图层中进行的，因此不能对当前图层进行（ ）。

A. 冻结　　　　　　　B. 移动　　　　　　　C. 切换　　　　　　　D. 重命名

17. 通过对图形进行（ ），可以准确地反映图形中各对象的大小和位置。

A. 尺寸标注　　　　　B. 线性标注　　　　　C. 连续标注　　　　　D. 快速标注

18. 使用 AutoCAD 提供的（ ）功能可以对图形的属性进行分析与查询操作。

A. 标注　　　　　　　B. 查询　　　　　　　C. 合并　　　　　　　D. 坐标

19. 通过（ ）可以设置文字的字体、字号、倾斜角度、方向及其他特性。

A. 多行文字　　　　　B. 单行文字　　　　　C. 文字样式　　　　　D. 文字面板

20.（ ）是组成表格最基本的元素。

A. 表格样式　　　　　B. 行　　　　　　　　C. 列　　　　　　　　D. 单元格

21. 在 AutoCAD 中，打开对象捕捉和正交模式的快捷键分别是（ ）。

A. F5、F8　　　　　　B. F3 、F8　　　　　　C. F8、F3　　　　　　D. F6 、F7

22. 要对对象进行修剪时应在命令行里输入（ ）。

A. EX　　　　　　　　B. CO　　　　　　　　C. M　　　　　　　　D. TR

23. 如果需要显示"Φ20"，那么应输入（ ）。

A. %%D20　　　　　　B. %%P20　　　　　　C. %%C20　　　　　　D. Ø20

24. 布尔运算有（ ）种类型。

A. 1　　　　　　　　B. 3　　　　　　　　C. 5　　　　　　　　D. 7

25. AutoCAD 标准文件和样板文件的后缀分别是（ ）。

A. DWT/DXF　　　　　B. DWS/DWT　　　　　C. DWF/DWG　　　　　D. DWT/DWS

26. 关于用 B 命令定义的内部图块，以下说法正确的是（ ）。

A. 只能在定义它的图形文件内自由调用。

B. 只能在另一个图形文件内自由调用。

C. 既能在定义它的图形文件内自由调用，又能在另一个图形文件内自由调用。

D. 两者都不能用。

27. AutoCAD 的绘图界限在绘图时（ ）。

A. 不能改变　　　　　　　　　　　　B. 初始确定后不能改变

C. 可以随时改变　　　　　　　　　　D. 不设定界限

28. 在 AutoCAD 中，属性匹配【MA】（ ）。

A. 不能改变属性　　　　　　　　　　　B. 只能改变图层

C. 所有属性都能改变　　　　　　　　　D. 除几何属性外都能改变

29. 下列哪个对象没有宽度（　　　）。

A. 多段线　　　　　　　B. 圆　　　　　　　C. 矩形　　　　　　　D. 多边形

30. 创建楔体的快捷命令是（　　　）。

A. WE　　　　　　　　B. TOR　　　　　　C. E　　　　　　　D. W

31. 三维动态观察的快捷命令是（　　　）。

A. VPORTS　　　　　　B. 3DO　　　　　　C. Ctrl+R　　　　　D. VP

32. 要绘制有一定宽度或有宽度变化的图形，可以使用（　　　）命令实现。

A. L　　　　　　　　　B. C　　　　　　　C. ARC　　　　　　D. PL

33. 在 AutoCAD 中，要删除被选中的实体，可以使用（　　　）命令。

A. OOPS　　　　　　　B. E　　　　　　　C. RE　　　　　　　D. REGEN

34. 在图层对话框中进行图层操作时，以下说法正确的是（　　　）。

A. 已冻结的图层可以设置为当前层。

B. 除实线外已加载的线型才能被设置为某图层的线型。

C. 被锁定的图层上的图形既可以被编辑，也可以改变其线型、颜色。

D. 图层名中可以使用包含空格的任何字符。

35. 当用 DASHED 线型画线时，发现所画的线看上去像实线，这时应该使用（　　　）命令来设置线型的比例因子。

A. LT　　　　　　　　B. LA　　　　　　　C. LW　　　　　　　D. LS

得分	评卷人

二、填空题（每空 1 分，共 9 小题，共计 9 分）

1. 对象捕捉方式 □ △ ◇ ◇ ✕ 分别表示 _____，_____，_____，_____，_____。

2. 使用 _____ 可以将十字光标限制在水平或竖直方向上移动，便于精确地创建和修改对象。

3. 查询面积和周长的命令是 _____，查询两点间距离的命令是 _____，快速查询命令是 _____，查询列表命令是 _____。

4. _____ 的大小由其长轴和短轴决定；长轴和短轴相等时即为圆。

5. 使用 _____ 绘制的线段是零散的；而使用 _____ 绘制的线段是一条连接在一起的完整线段。

6. 在 AutoCAD 中，有 _____，_____ 和 _____ 三种工作空间。

7. 使用 _____ 命令可以提取一组实体的公共部分，并将其创建为新的组合实体对象。

8. 利用 _____ 功能可以一次标注多个对象。

9. 在 AutoCAD 中，按 _____ 键可以隐藏除命令行外的所有工具栏或面板，按 _____ 键可以隐藏命令行。

得分	评卷人

三、判断题（每题1分，共30小题，共计30分）

1. 应用程序菜单按钮是以 AutoCAD 的标志定义的一个按钮 ⬛，单击这个按钮可以打开一个下拉菜单。（   ）

2. 辅助绘图工具主要用于设置一些辅助绘图功能，如设置点的捕捉方式、设置正交绘图模式、控制栅格显示等。（   ）

3. 在 AutoCAD 中，十字光标的大小是按目测的百分比确定的。用户可以根据自己的操作习惯，调整十字光标的大小。（   ）

4. 在输入数字来确定矩形的长宽的时候，一定要注意中间的逗号是英文状态，用其他输入法和输入状态输入逗号，程序不执行命令。（   ）

5.【动态输入】功能在鼠标指针右下角提供一个工具提示，打开动态输入时，工具提示将在鼠标指针旁显示信息，该信息不会随鼠标指针移动而动态更新。（   ）

6.【复制】是很常用的二维编辑命令，功能与镜像命令很相似。（   ）

7. AutoCAD 中的夹点并非只用于显示图形是否被选中，其更强大的功能在于可以基于夹点对图形进行拉伸、移动等操作，这些功能有时比编辑命令更加方便。（   ）

8. 图层名中不允许含有大于号、小于号、斜杠，以及标点符号等；为图层命名时，必须确保图层名的唯一性。（   ）

9. 用【写块】命令创建的块，存在于写块的文件中，并仅对当前文件有效，其他文件不能直接调用，这类块可以用复制粘贴的方法使用。（   ）

10. 带属性的块编辑完成后，还可以在块中编辑属性定义、从块中删除属性及更改插入块时软件提示用户输入属性值的顺序。（   ）

11. 对图形进行图案填充后，观察到填充效果与实际情况不符时，可以对相应参数进行修改。（   ）

12. 在一个文件中，当图形对象的线型相同，但表示的对象不同时，可以给不同种类的对象设置不同的线宽，方便对象的识别和查看。（   ）

13.【关联图案填充】的特点是图案填充区域与填充边界互相关联，边界发生变化时，图案填充区域随之自动更新。（   ）

14.【基线标注】和【连续标注】都是必须在已有标注的基础上开始创建。【基线标注】是将已经标注的起始点作为基准点开始创建的，此基准点是不变的；而【连续标注】是将已有标注终止点作为下一个标注的起始点，以此类推。（   ）

15. 在【文字样式】对话框中，在【字体样式】下拉菜单中能设置文字是否加粗或倾斜。（   ）

16. 在创建三维实体的操作中，实体对象表示整体对象的体积。在各类三维建模中，实体的信息最完整，歧义最少，复杂实体比线框和网格更容易构造和编辑。（   ）

17. 在将图形对象从二维对象创建为三维对象，或直接创建三维基础体后，可以对三维对象进行整体编辑以改变其形状。 （　　）

18. 通过对图块的重定义，可以更新所有与之相关的图层，达到自动更新的效果，在绘制比较复杂且大量重复的图形时，应用很频繁。 （　　）

19. 多线的绘制方法与直线的绘制方法相似，不同的是多线由两条线型相同的平行线组成。
（　　）

20. 使用【延伸】命令时，一次以可选择多个实体作为边界，选择被延伸实体时应选取靠近边界的一端，若多个对象将延伸的边界相同，在激活【延伸】命令并选择边界之后，可框选对象进行延伸。 （　　）

21. 在一个图层上只能绘制一种线型。 （　　）

22.【直线】命令 LINE 是一个连续命令。 （　　）

23. 圆、圆弧、曲线在绘图过程中经常会形成折线状，可以使用 RE 命令使其变得光滑。
（　　）

24. 多线特性可在绘制多线后再修改。 （　　）

25. 缩放命令【zoom】和缩放命令【scale】都可以调整对象的大小，可以互换使用。 （　　）

26.【多行文字】命令和【单行文字】命令都是创建文字对象，本质是一样的。 （　　）

27. 要改变线条类型，可以在图层特性管理器中进行修改。 （　　）

28. 在 AutoCAD 2020 中，没有菜单。 （　　）

29. 使用缩放命令【scale】可以不等比缩放对象。 （　　）

30. 图层 0 不能被删除，也不能被重命名。 （　　）

得分	评卷人

四、简答题（每题 5 分，共 3 小题，共计 15 分）

1. 在 AutoCAD 中，用点等分线段时，没有看到点，且捕捉不到，是什么原因？

2. 在 AutoCAD 中，要使用帮助可以用哪些方法？

3. 插入图块时，图块距离十字光标很远，且显示区域内不可见，是什么原因？